跟视频学时尚编绳技法

刘书丹 编著

人民邮电出版社
北京

图书在版编目（CIP）数据

跟视频学时尚编绳技法 / 刘书丹编著. -- 北京 : 人民邮电出版社, 2019.1
ISBN 978-7-115-49941-7

Ⅰ. ①跟… Ⅱ. ①刘… Ⅲ. ①绳结－手工艺品－制作 Ⅳ. ①TS935.5

中国版本图书馆CIP数据核字(2018)第258948号

内 容 提 要

编绳是中国传统文化的符号，同时也是民间传统手工艺的代表。繁复的绳结、精美的花样以及美好的寓意组成了我们所熟知的编绳艺术。 现在就让我们一起跟书中的内容学编绳吧！

本书共分为三个章节。第一章为基础知识，详细介绍了编绳的工具、线材、配件、用线技巧以及基础绳结；第二章为实例详解，详细介绍了四十款编绳作品的制作方法；第三章则为作品欣赏。全书内容由浅入深、循序渐进，便于零基础读者快速掌握编绳的核心技巧。

本书适合编绳爱好者及相关从业人员参考、使用。

◆ 编　　著　刘书丹
　责任编辑　王雅倩
　责任印制　陈　犇

◆ 人民邮电出版社出版发行　　北京市丰台区成寿寺路 11 号
　邮编　100164　　电子邮件　315@ptpress.com.cn
　网址　http://www.ptpress.com.cn
　北京瑞禾彩色印刷有限公司印刷

◆ 开本：787×1092　1/20
　印张：8　　　　　　2019 年 1 月第 1 版
　字数：346 千字　　　2019 年 1 月北京第 1 次印刷

定价：49.80 元

读者服务热线：(010)81055296　印装质量热线：(010)81055316
反盗版热线：(010)81055315
广告经营许可证：京东工商广登字 20170147 号

作者简介

刘书丹，大学装潢设计与工艺教育专业毕业后进入珠宝行业，至今已 11 年。自小就对传统文化和编绳艺术有着浓厚的兴趣，并接受了系统而严苛的美术教育，有着独特的美学见解和扎实的编结基本功。

2010 年 10 月，她制作的文化情感类作品“龙凤一家亲”被收录于国内很有影响力的珠宝期刊《芭莎珠宝》。2016 年她为世界黄金协会（WGC）旗下的结婚金饰品牌“囍福”设计了吉祥红手绳。

2013 年，她还与先生谢威一起创办了漱玉流珠文化创意工作室，专注于创意类产品的研发和制作。该工作室以中式手工珠宝为主打，承接国内多家知名珠宝品牌公司的珠宝设计研发业务，为业内多家知名珠宝品牌设计系列产品，并得到市场的广泛认同。

编绳是磨性子的活儿，先要坐下来，才能做下来。千绳万线，纵横交错，编的是胸怀，结的是气魄。不急不躁，任窗外风云变化，我心韧如丝。希望在不断地学习与创作中给大家带来更多意蕴悠扬精美的饰品。

——致力于研究、学习中国文化并使之与时尚相融合

目录

第一章
基础知识

第二章
实例详解

第三章
作品欣赏

第一章 基础知识

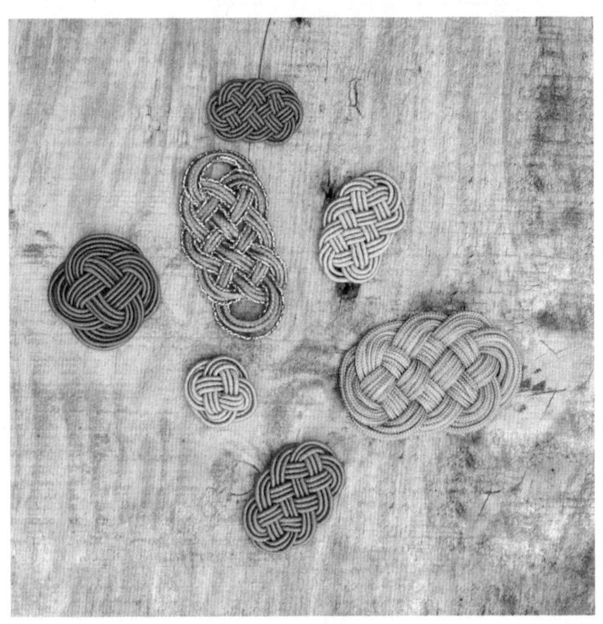

工具

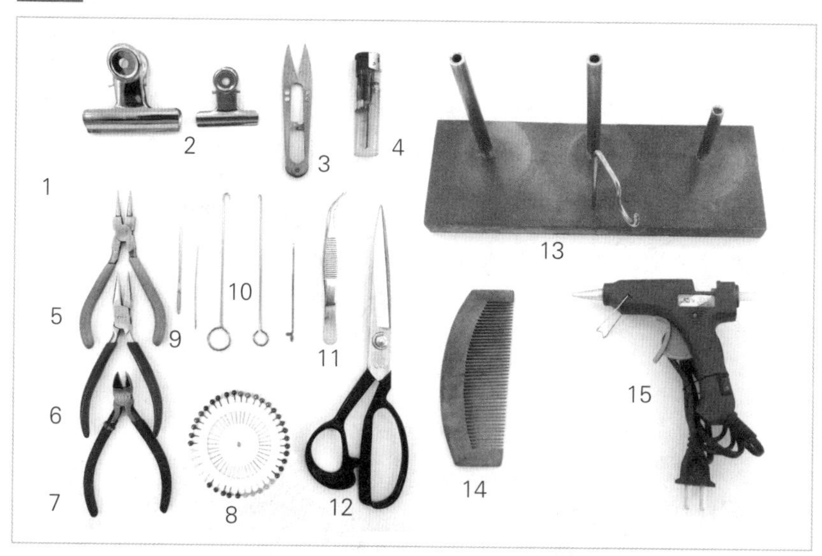

1. 泡沫板：与大头针配合使用。
2. 夹子：用于固定绳结，辅助编结。
3. U形剪：用于修剪较细的线头。
4. 打火机：用于烧线、黏线、接线。
5. 圆嘴钳：用于拉圈定位或者调整圈形。
6. 尖嘴钳：用于代替手指抽线或者调整编结造型。
7. 斜剪钳：用于修剪较粗的线头。
8. 珠针：与泡沫板配合使用，多用于一些复杂结体的编织。
9. 大孔针：用于缝线、接线，使粗细不同的线连在一起。
10. 钩针：用于勾线、接线、上下穿梭。
11. 弯头镊：用于调整编结。
12. 裁衣剪：用于修剪流苏等。
13. 插线台座：用于固定线轴，方便拉圈、绕线等的操作。
14. 木梳：用于梳理流苏。
15. 热熔胶枪：用于黏结线绳，多用于棉线等柔软材质。

线材

1. 扁丝带：
用于盘编花型，适合做展开造型及平面效果。
2. 棉线：
纯棉多股线，多为白色或者棉本色。
3. 玉线：
标准常用配线，71号和72号玉线使用较多。
4. 包芯线：
又叫绕线，出厂时就已绕好，多用于各种花型结的编织。
5. 褆棉线：
常见型号有A号、B号、C号、D号、E号，多用于编手链、项链以及挂绳。
6. 股线：
有1～12股等，最常用的是3股。
7. 人造丝：
有1～7号，5号、6号最为常用，颜色丰富，带丝光，易编织。
8. 蜡线：
经过高温上蜡，防水耐脏，多用于编斜卷结一类的作品。

配件

1. 银圈：用于挂珠子或作为编结绳头处的装饰。
2. 大孔银珠：孔径通常大于4mm，适用于较粗的线绳。
3. 银造型坠：挂饰，可单独使用。
4. 银花托：用来固定和遮挡珠子孔。
5. 烤漆配件：颇具民族风的装饰，可作为次件使用。
6. 各色圆珠：可根据编结和主件的需要进行选择与搭配。
7. 柱形珠：一般用于项链的设计与搭配。
8. 异形珠：比较有特色，适合有特殊设计的编结款式。
9. 玛瑙圈：常作为连接环使用，以红色、黑色居多。

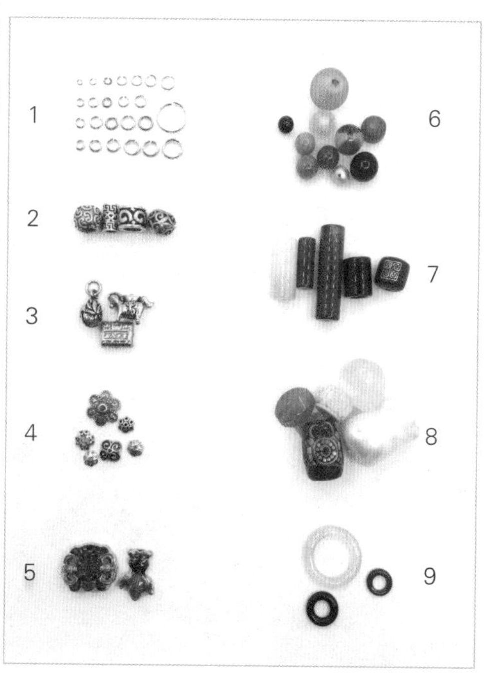

接线与烧黏

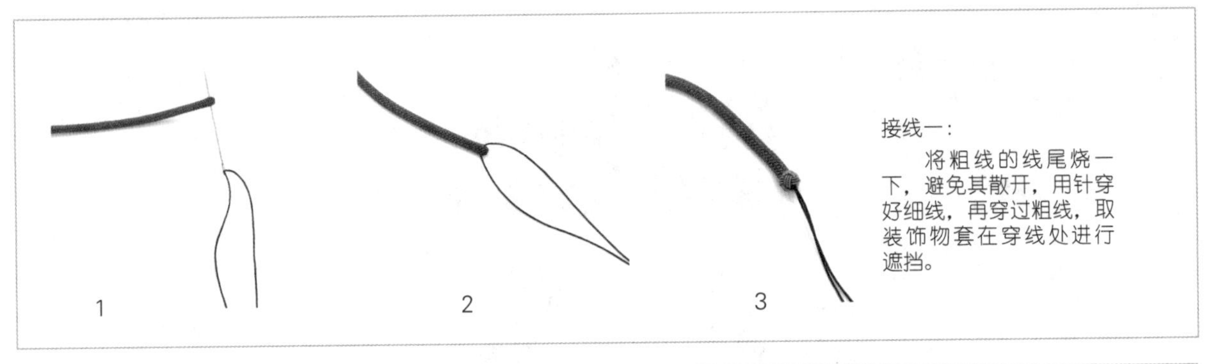

接线一：

将粗线的线尾烧一下，避免其散开，用针穿好细线，再穿过粗线，取装饰物套在穿线处进行遮挡。

烧黏：

保留3mm～5mm的线头，用火苗的内焰部分烧线尾至有一些熔化，再按压，即可使结头固定不散。在操作时，应避免用火苗的外焰或烧得时间过长而将线绳烧黑。

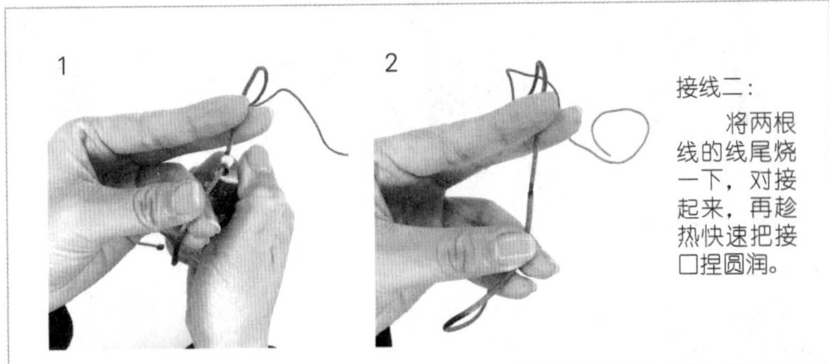

接线二：

将两根线的线尾烧一下，对接起来，再趁热快速把接口捏圆润。

配件的选择

配件在结艺制作中起着画龙点睛的作用，如何用到点子上，是非常考验制作者的设计与构图能力的。

如果想突出作品的编结效果，那么就要注意配件与编结的协调，不能喧宾夺主。比如，下图作品中的紫色斜卷结手链，它运用了小透明珠子和邻近色蓝珠，点缀的同时还衬托出了编结的效果。另一方面，如果主件比较贵重或有特色，编结则应作为陪衬出现。比如，下图作品中的红色手绳，圆珠则由配件变身主件，其他小银珠则作为配件出现。

从形式上说，紫色手链呈现扁身效果，运用斜卷结可以展现其平面的纹样变化，而红色手绳，主件为圆珠，尽量选择较为立体的编结会更为协调，如玉米结、多股辫等。

配件品种众多，设计时只要明确一个主体，再结合配色就能够做出让人眼前一亮的作品。

配色搭配

对于结艺设计来说，配色是非常重要的一环，首先要了解色彩的属性，然后按照以下两个原则来进行搭配和设计。

邻近色搭配

如右图，色环上相邻的3～5个颜色为类似色，作品呈现为左图黄色流苏款挂件效果。

对比色搭配

色环上相对的两个颜色为对比色，如红-绿，黄-紫，蓝-橙，含有对比色的作品整体比较亮眼，如左图绿色流苏款一般。

配色是一门相当有趣且充满挑战的学问，初学者可先从邻近色开始练习，慢慢尝试撞色搭配，并不断向好的作品学习，如此一来，一定能提升自己的设计美感。

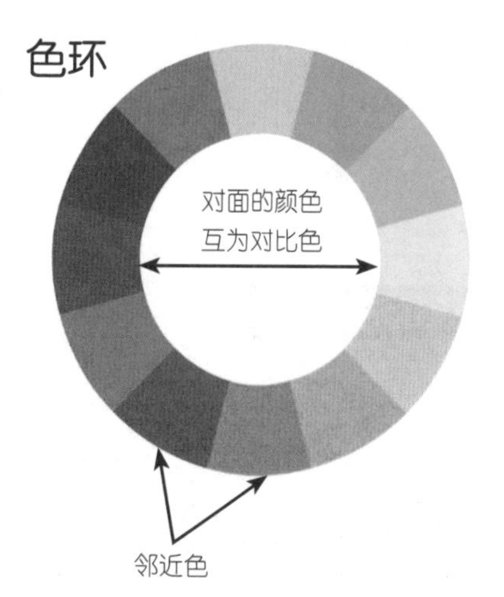

如何原创

编结古来有之，中国结作为最鲜明的东方文化元素常常出现在世界各地。编结技法多样，造型更是变化无穷，除沿袭传统之外，创新的设计也受到越来越多年轻人的喜爱。

设计要充分发挥想象力，通过一个单结延伸至一个成品。期间可以参考实物图片或者以勾画草图的方式来辅助设计。例如下图中的爆竹挂饰，可用玉米结同向编织成圆柱体，符合鞭炮传统形象，加上头围黄色绕线做装饰，再配合吉祥结、纽扣结做挂件绳，一件充满新春喜庆气息的作品就完成了。

双向雀头结

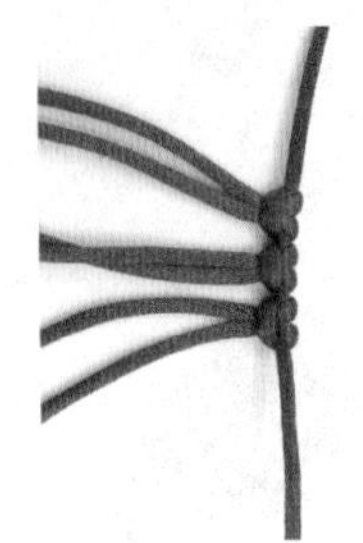

1

取线对折放在轴线下方，线头在上。

2

两线头向下压轴线，穿过对折处。

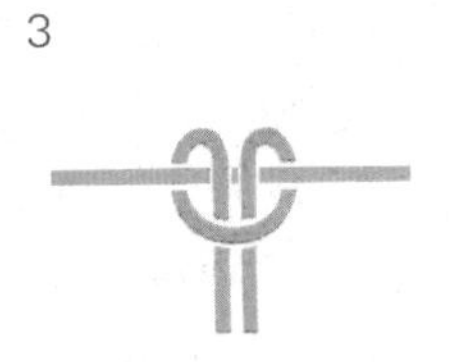

3

收紧，完成。

单向雀头结

1

取线挂在轴线上，将线交叉。

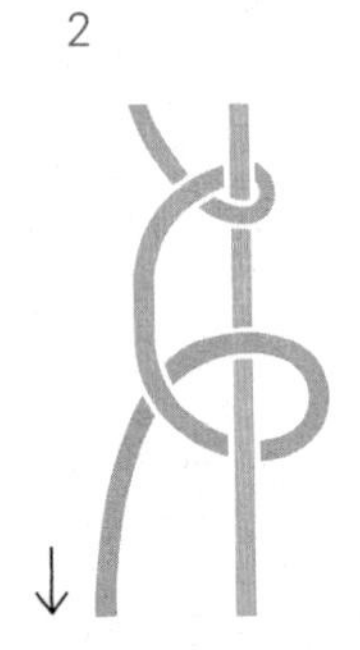

2

将下方线头向右挑轴线，向左压轴线，再向下穿过形成圈。

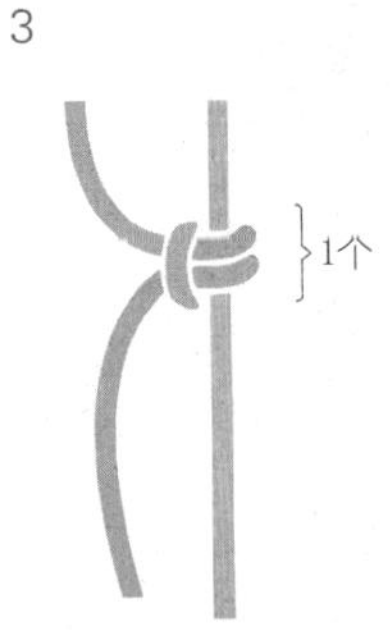

3

收紧，完成1个雀头结。

4

重复步骤1、2，完成多个雀头结。

斜卷结

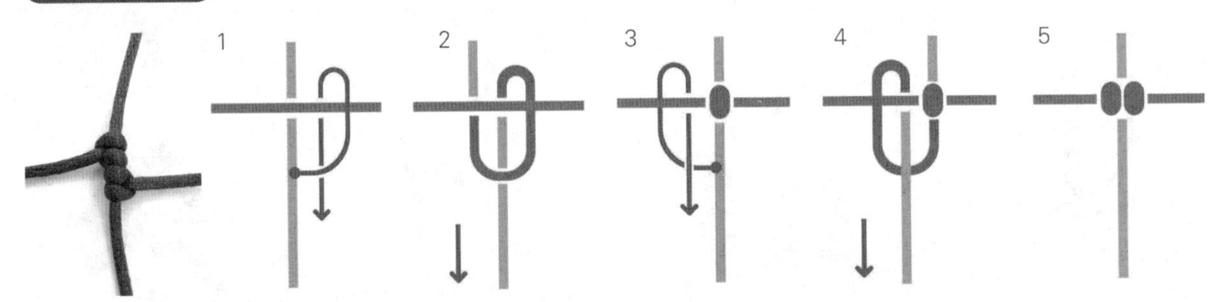

1 取两根线交叉，横线为轴，将竖线向右绕过横线。

2 向下拉紧，完成半个斜卷结。

3 将竖线向左绕过横线，从圈中穿出。

4 向下拉紧。

5 完成。

双向平结

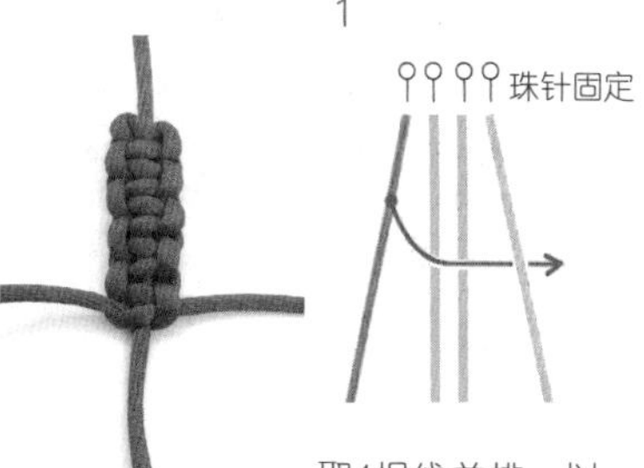

1 取4根线并排，以中间两线为轴，左线拉向右侧。

2 右线压住左线，从轴线下方穿过，拉向左边。

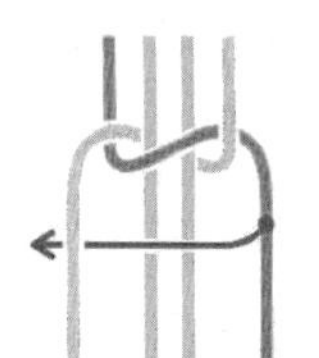

3 收紧左右两侧的线，接着右线拉向左侧。

4 左线压住右线，从轴线下方穿过，拉向右边。

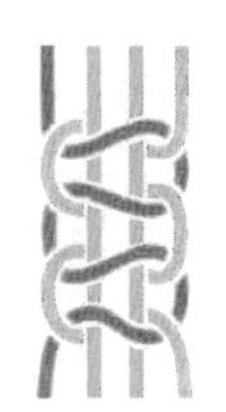

5 调整，收紧，重复上述步骤，完成两个双向平结。

单向平结

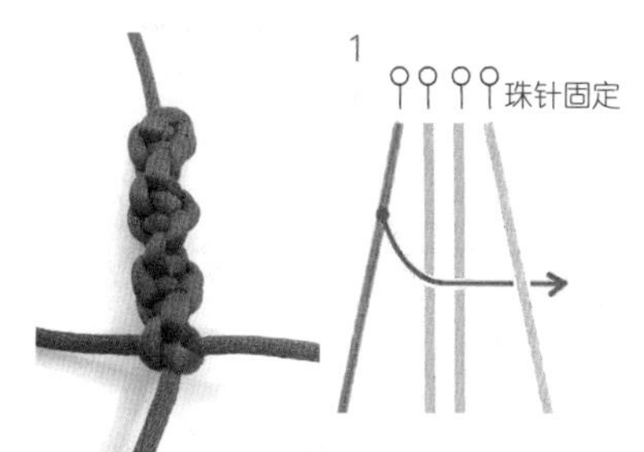

1 取4根线并排，以中间两线为轴，左线拉向右侧。

2 右线压住左线，从轴线下方穿过，拉向左边。

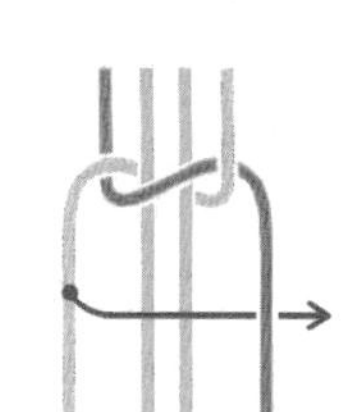

3 重复步骤1。

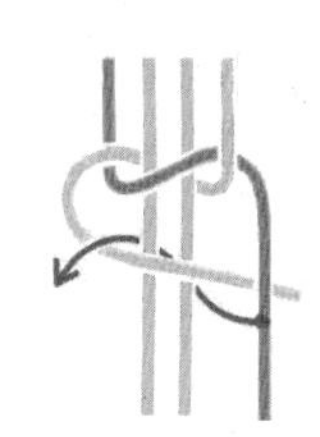

4 重复步骤2。

5 调整，收紧，重复上述步骤，完成两个单向平结。

蛇结

1 取线中间对折，将右线绕左线1圈。

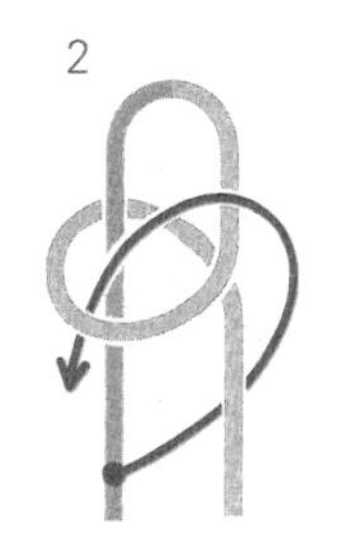

2 左线朝上穿过右线绕的圈。

3 将两线头朝下拉出。

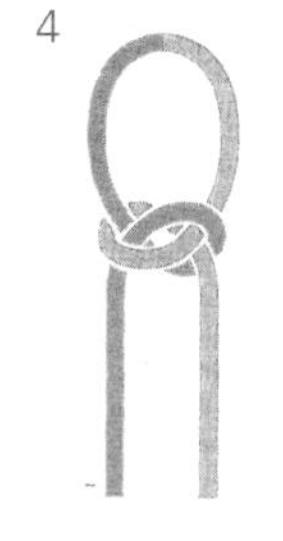

4 稍拉紧两线头，调整。

5 收紧，完成。

双联结

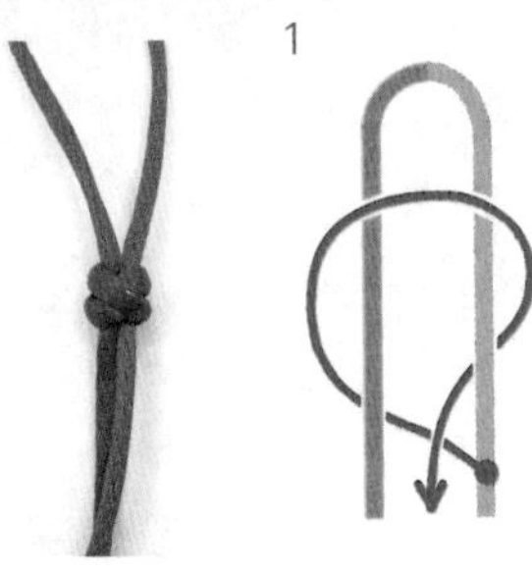

取线中间对折，右线向左线绕圈打个结。

左线绕过右线。

然后穿过右线形成的圈。

两线头向下拉出。

调整，收紧，完成。

纽扣结

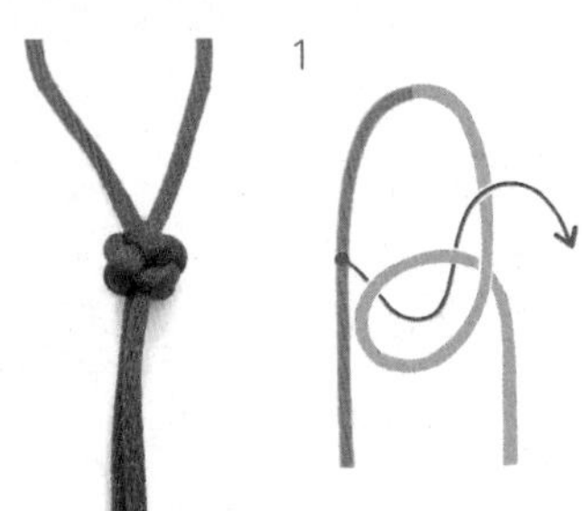

将线逆时针绕两个圈，第1个圈在上。

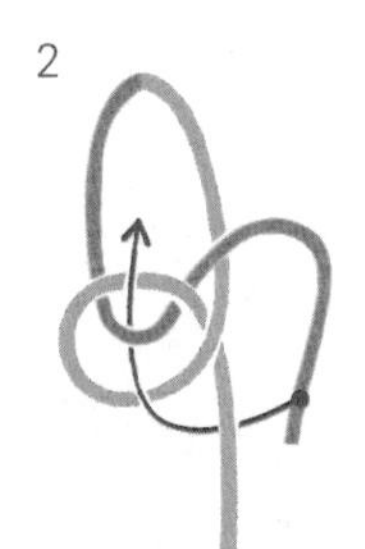

拿右线头朝上以压、挑、压、挑的方式穿过两个圈。

同一线头朝下穿过两个圈，另一线头朝上从同一圈中穿出。

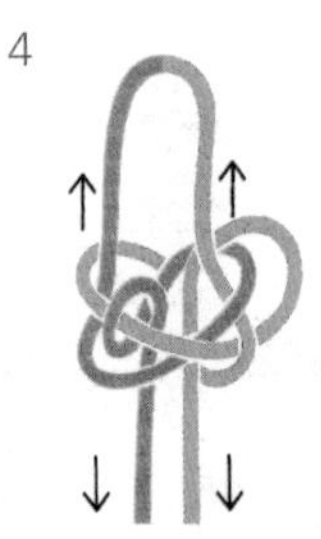

调整，收紧，完成。

凤尾结

将线交叉，绕出1圈。

左线以压、挑的方式向右穿过线圈。

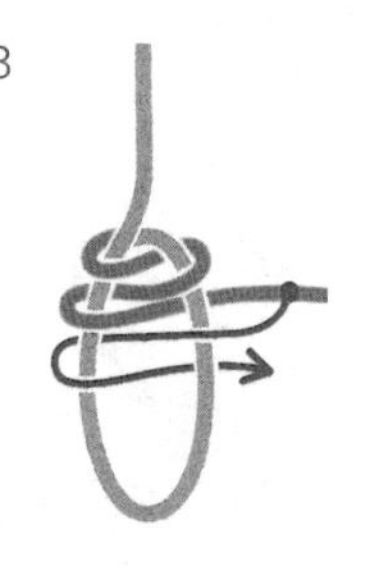

同样以压、挑的方式向左穿过线圈。

重复步骤2、3，绕至合适的圈数。

完成。

金钱结

1

长线

短线

取线绕1圈，上方为长线，下方为短线。

2

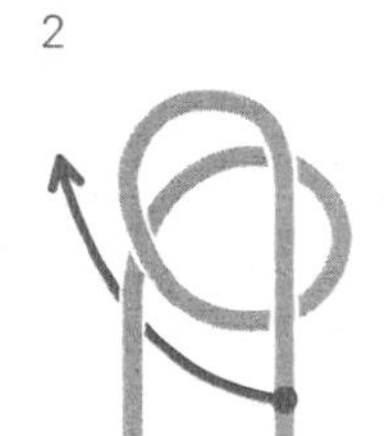

长线从短线下方穿过。

3

长线穿线。

4

拉出，调整，完成。

菠萝扣（双线金钱结）

1

取金钱结右边的尾线，从上圈的下方穿出。

2

接着从左圈的下方穿出。

3

再从下圈和左边尾线下方穿出。

4

继续从右圈和下圈下方穿出。

5

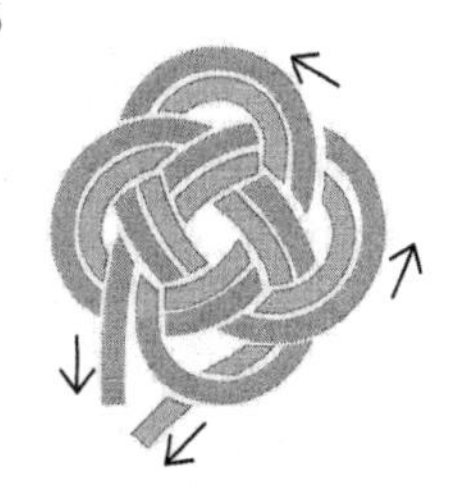

调整松紧度。

6

完成。

左右轮结

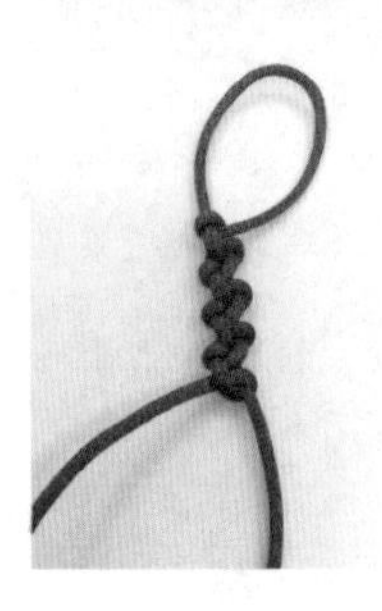

1

取线中间对折，以左边线为轴线，右边线为绕线。

2

接着以右边线为轴线，左边线为绕线。

3

重复步骤1、2，调整，收紧，完成。

琵琶结

1

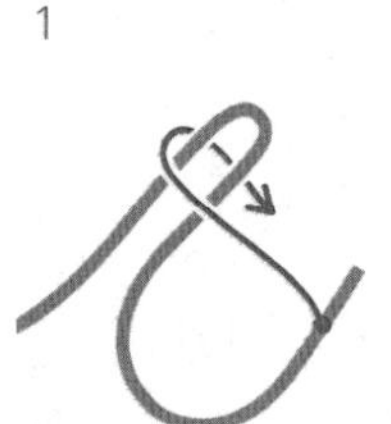

取1根线，在线头位置留3cm，绕线圈。

2

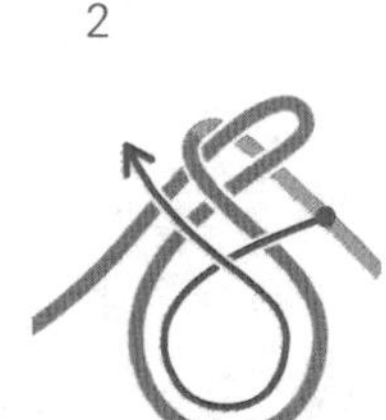

从线头后面绕线，沿圈内走线。

3

接着从结后面绕线，沿圈内走线。

4

继续从结后面绕线，线从圈中穿过。

5

结尾可剪断烧黏，或继续编其他结。

四股辫

1

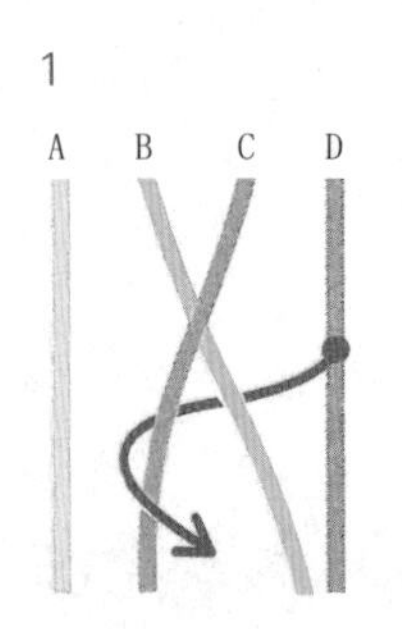

取4根线并排，将B、C交叉，C在上，将D从下方穿过B、C，压住C。

2

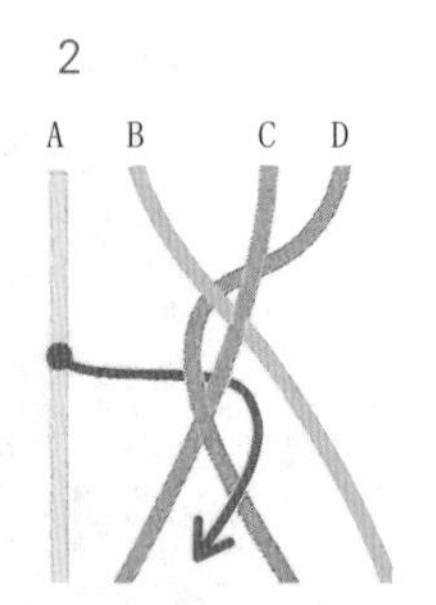

A从下方穿过C、D，压住D。

3

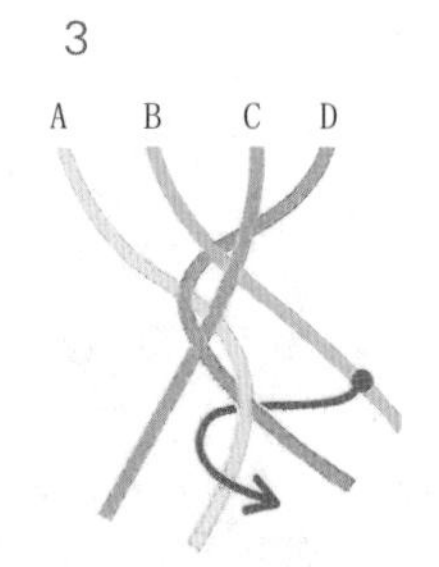

B从下方穿过A、D压住A。

4

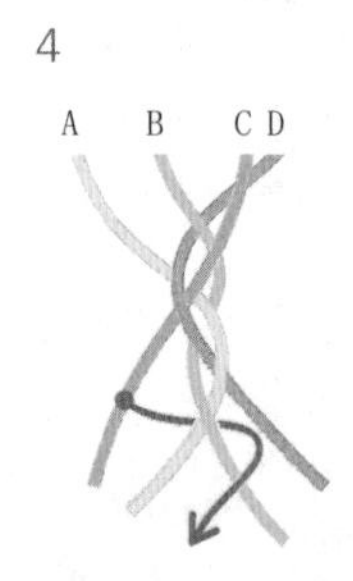

C从下方穿过A、B，压住B，调整，完成。

玉米结

1

取两根线呈十字交叉叠放，将上方的线压下来。

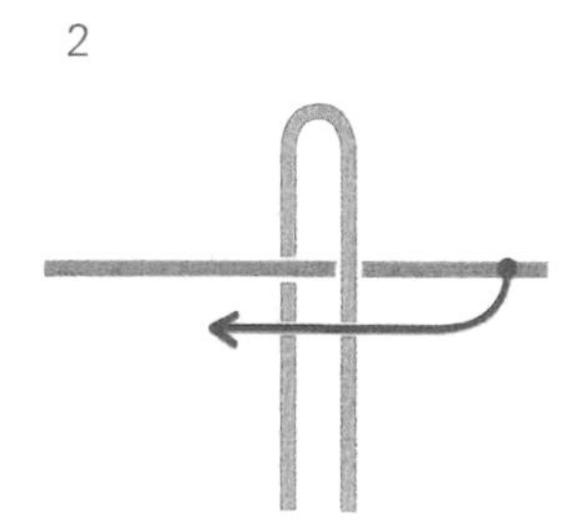

2

按顺时针方向，将右侧线向左压在上方的压下来的线上。

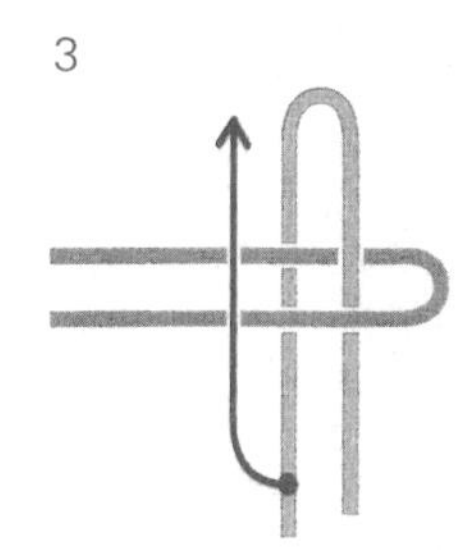

3

继续将下方的线向上压在右侧压下来的线上。

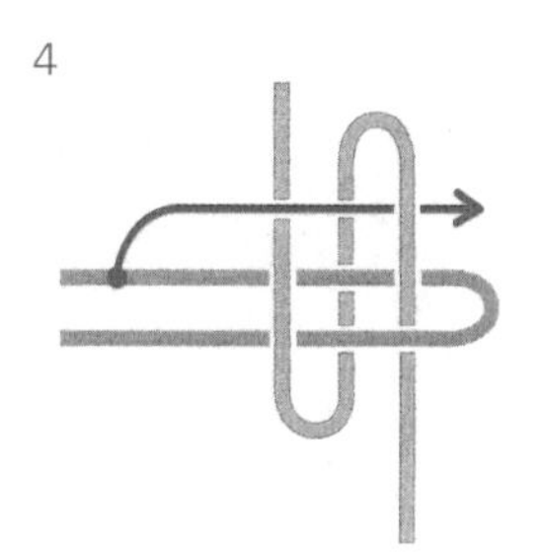

4

接着将左侧的线向右压在下方压上来的线上。

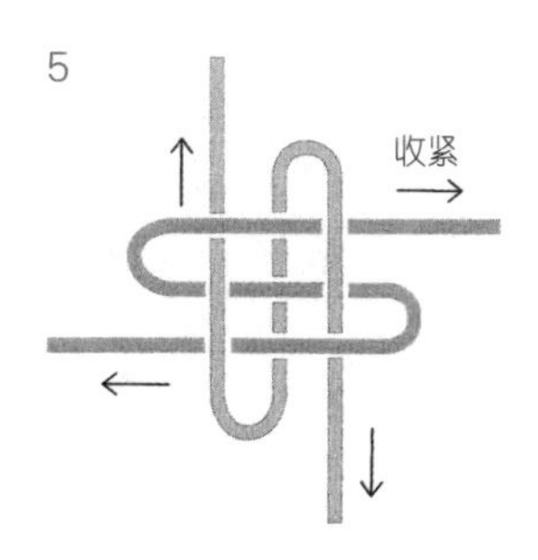

5

收紧4个方向的线，形成一个十字形状。

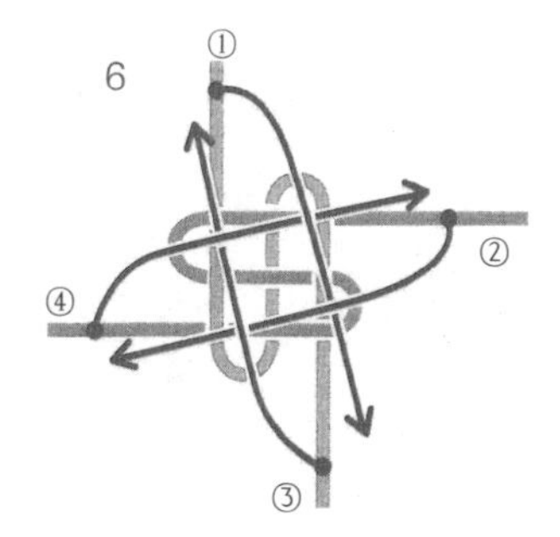

6

重复上述步骤，完成玉米结。

绕线

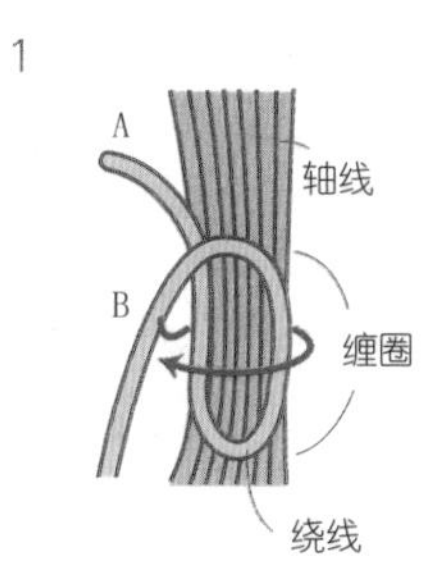

1

取若干线并为一把作为轴线，另取1根线如图所示弯折。

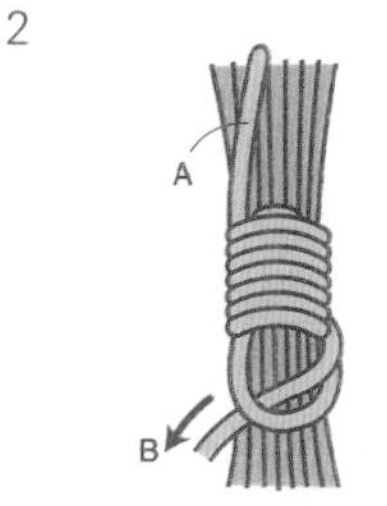

2

从左至右反复来回缠线，预留一部分不压线，然后穿过预留的线。

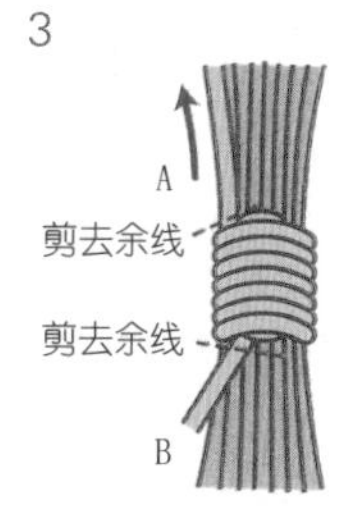

3

拉紧上方的绕线，将下方绕线打结的部分引入缠线中，收紧，完成。

藻井结

1 取线中间打1个结。

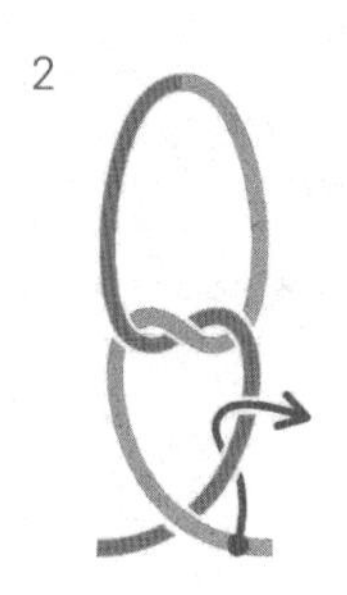

2 再打1个结，不拉紧。

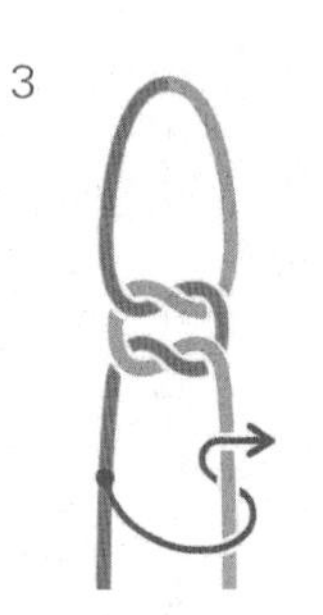

3 继续打第3个结，3个结的大小保持一致。

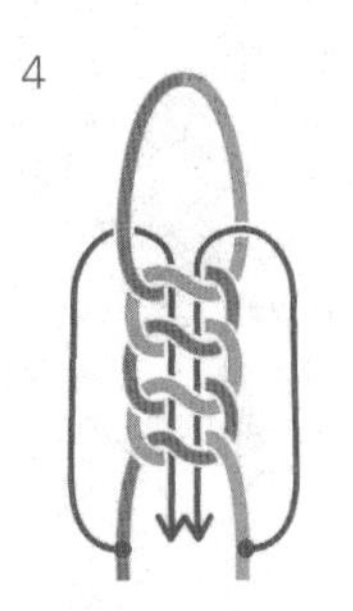

4 将两线头从上往下穿过3个结。

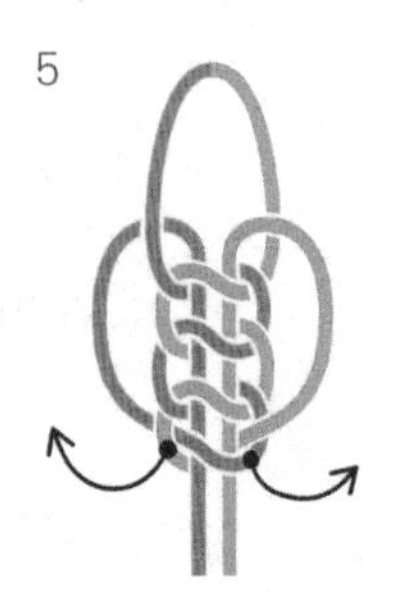

5 提起第3个结两端的线。

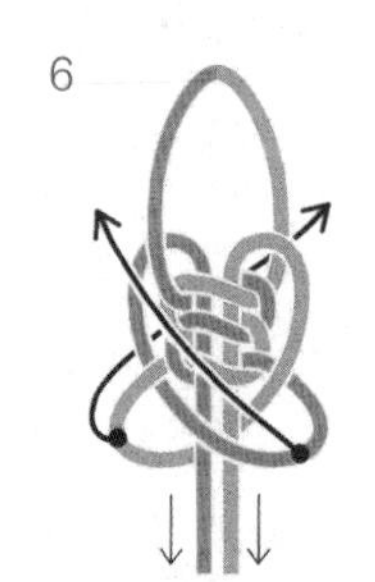

6 将两根线翻至上方。

7 将第2个结（即当前下方的结）两端的线提起。

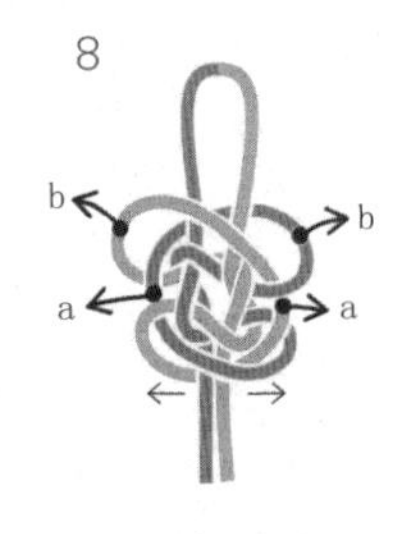

8 继续将两根线翻至上方。

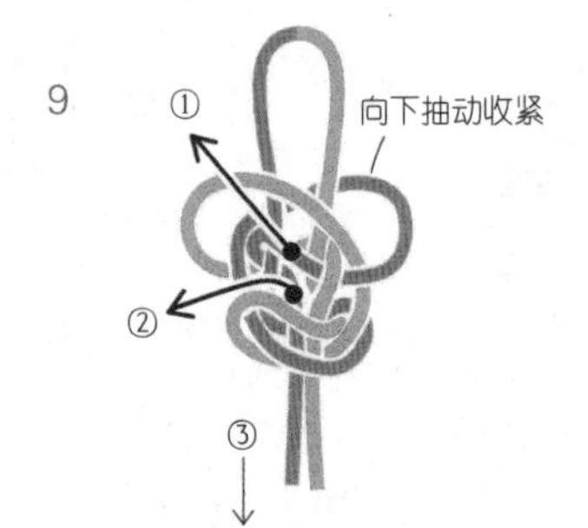

9 将右侧的结翼向下抽动收紧。

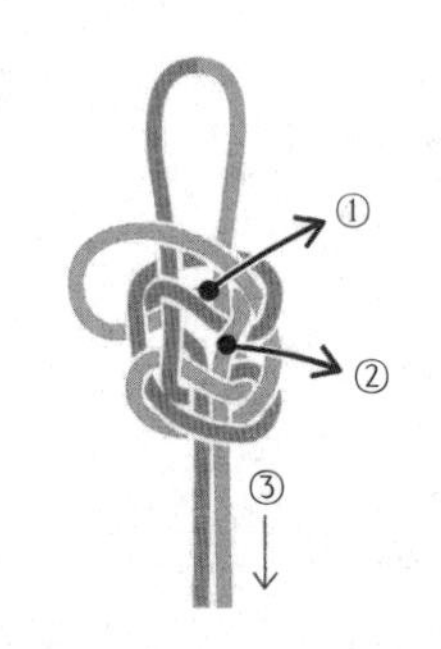

10 将左侧的结翼同样向下抽动收紧。

11 调整，完成。

吉祥结

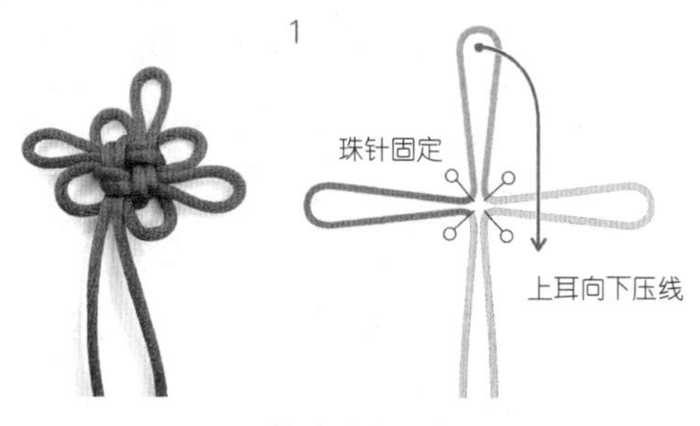

取中心点，左右共拉成4个耳朵固定。

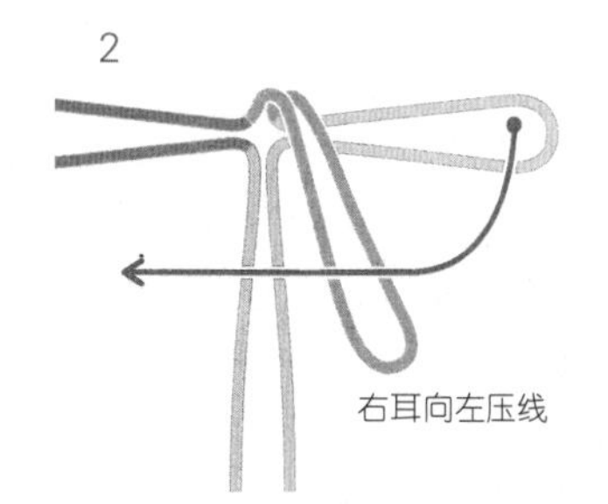

顺时针方向取上耳起头，取上耳压右耳，取右耳压上耳和下耳。

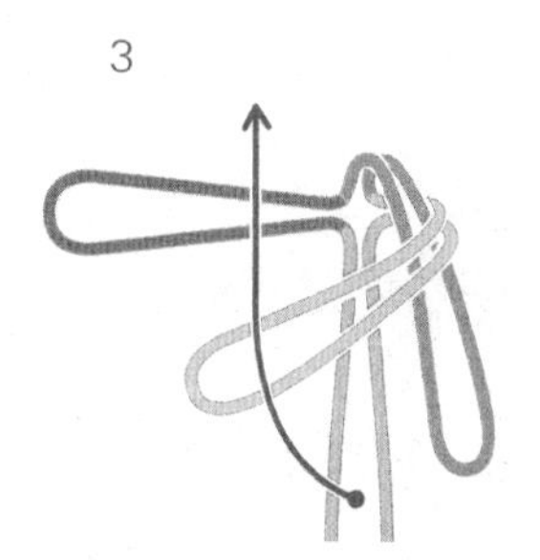

接着取下耳压右耳和左耳。

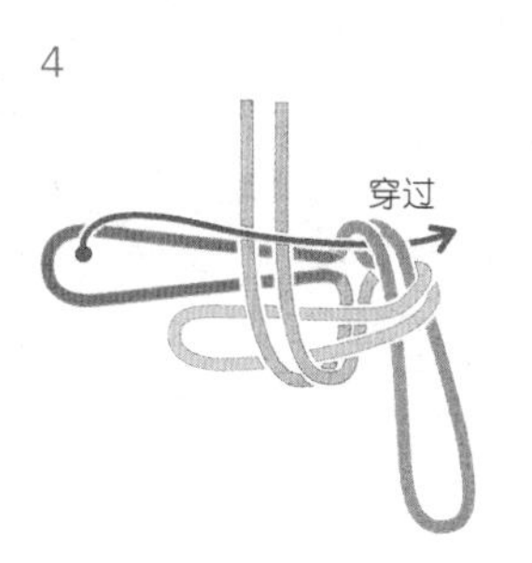

再取左耳压下耳穿过上耳线圈。

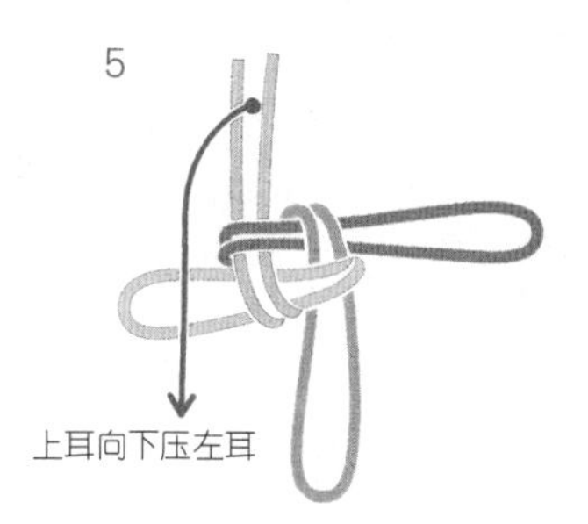

收紧4个耳朵，逆时针方向取上耳压左耳。

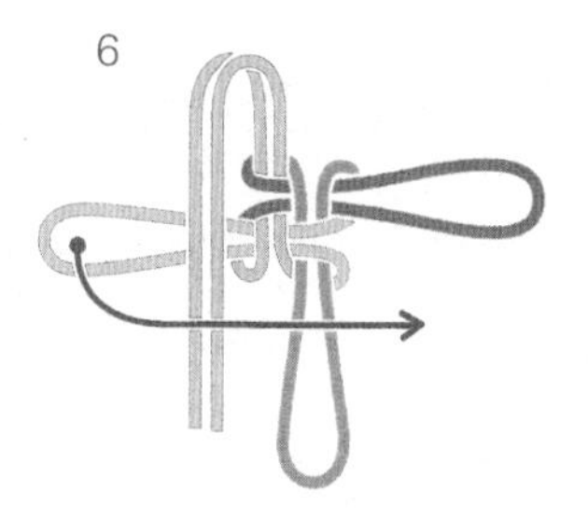

接着取左耳压上耳和下耳。

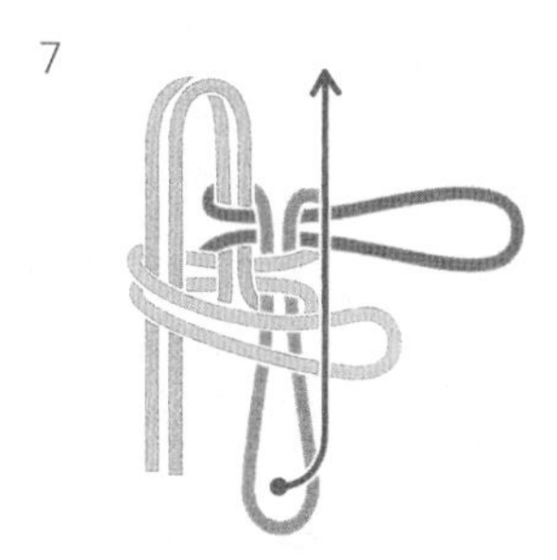

继续取下耳压左耳和右耳。

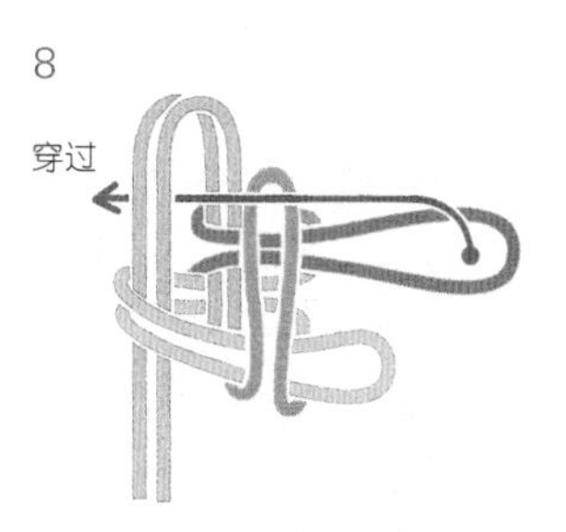

再取右耳压下耳穿过上耳线圈。

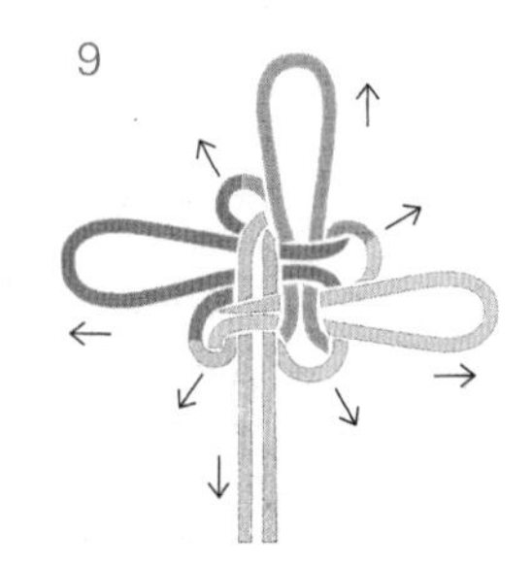

收紧4个大耳，拉出对角线上的4个小耳，调整，完成。

团锦结

1

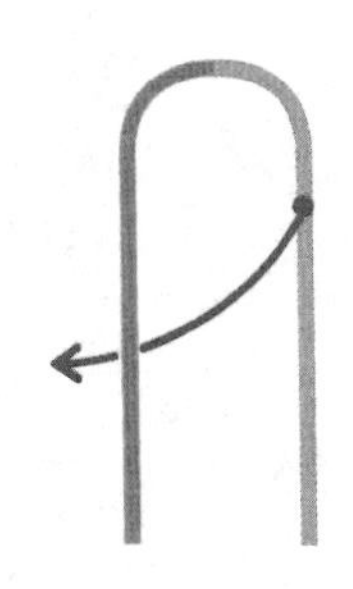

取线中间，对折，左线为轴，右线绕一圈。

2

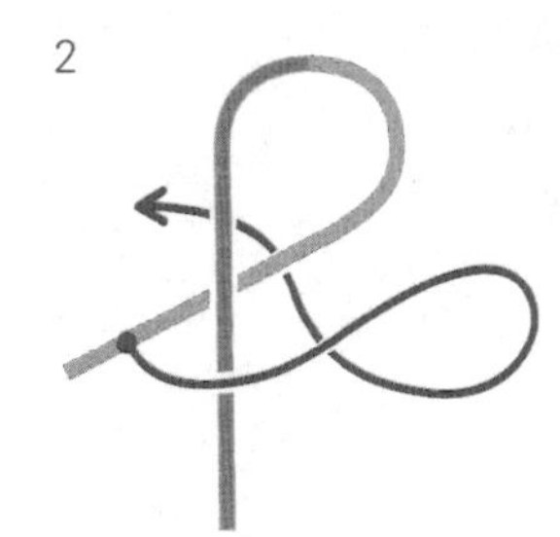

右线绕圈后走线。

3

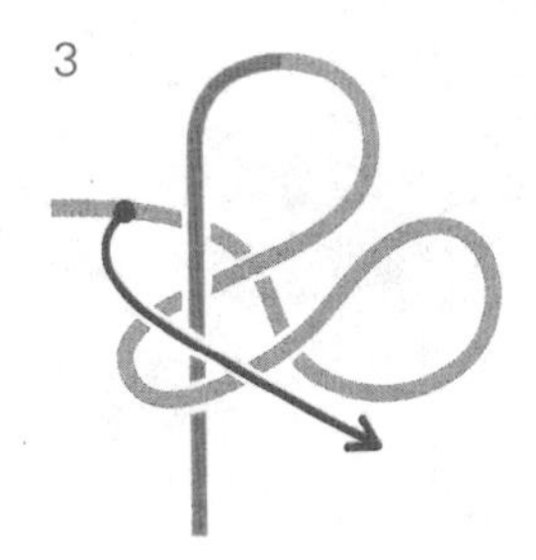

包过轴线。

4

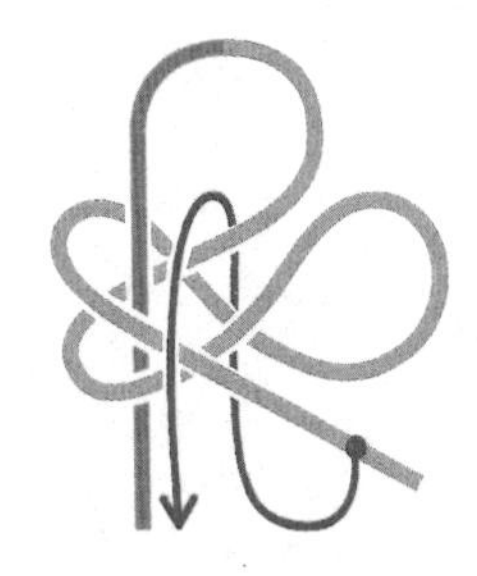

接着穿过第2个圈的下方，从第1个圈中穿出。

5

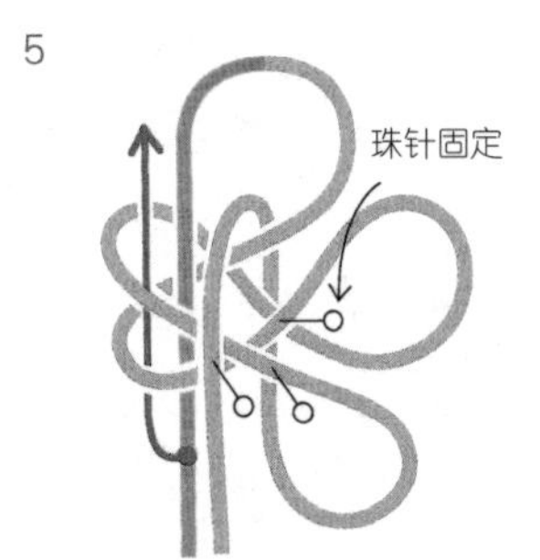

将图中3个点用珠针固定，轴线折向上方。

6

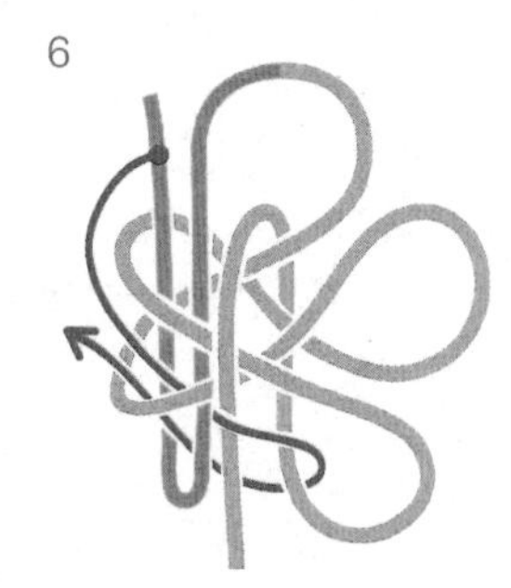

接着穿过第3个圈和右线，形成第4个圈。

7

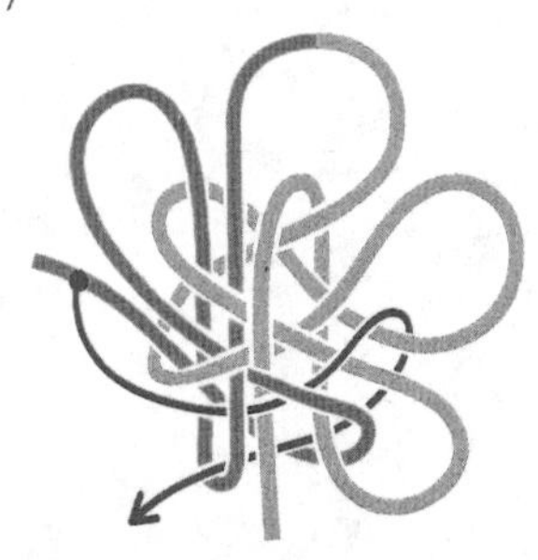

再依次绕过第2个圈和第4个圈，形成第5个圈。

8

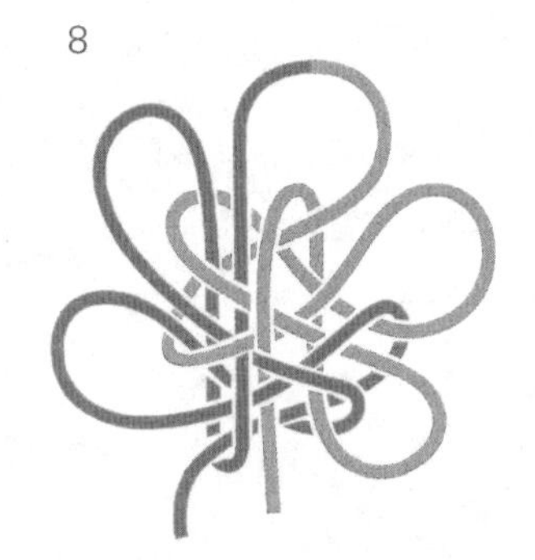

将线拉出，进行调整。

9

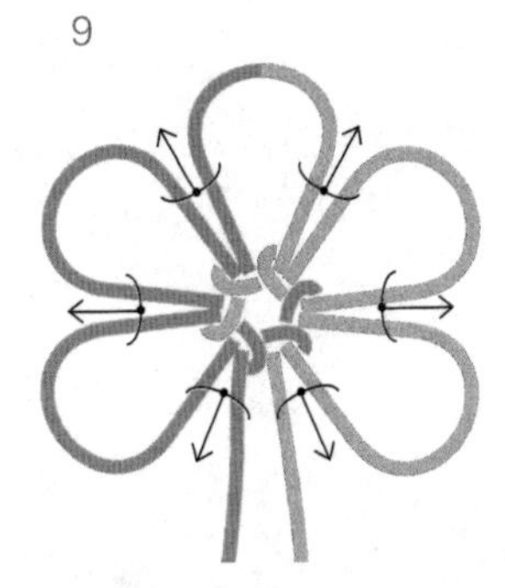

收紧，完成。

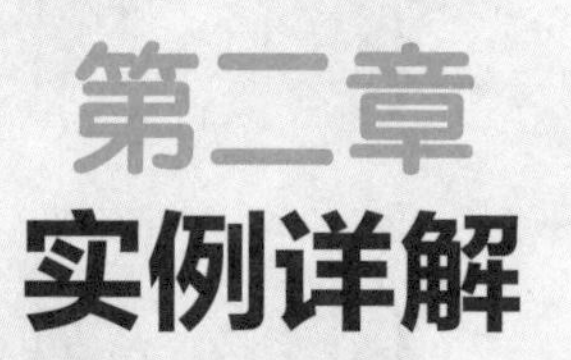

第二章 实例详解

用暖色系做间色设计，传达出温馨、闲适的感觉，不但丰富了视觉效果，而且韵律感十足。

▶ **所用材料**

咖色线：长85cm，直径0.4cm 1根
橘色线：长95cm，直径0.4cm 1根
白色线：长100cm，直径0.4cm 1根

▶ **所用工具**

尺子、剪刀、热熔胶

▶ **所用编法**

金钱结（P013）

编织步骤

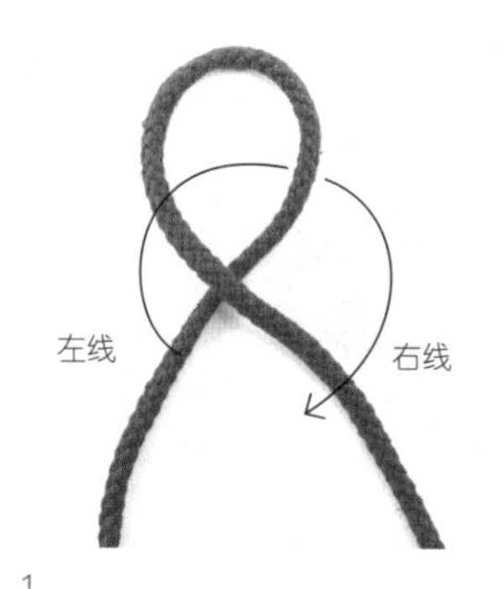

1

取1根85cm咖色线对折交叉叠放，右线在上，线头留约50cm。

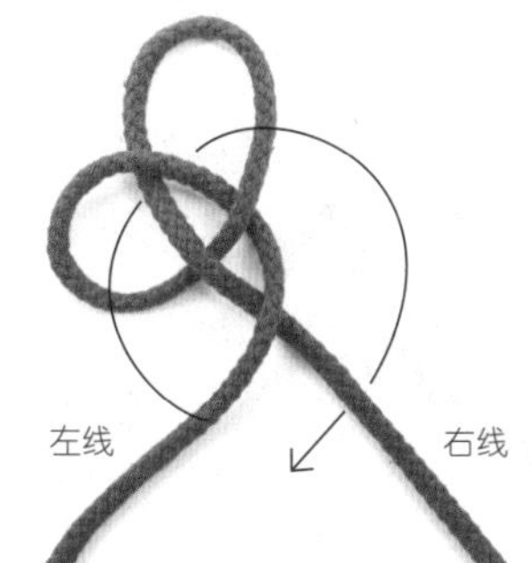

2

左线穿过步骤1的圈，先压后挑，再压在右线上。

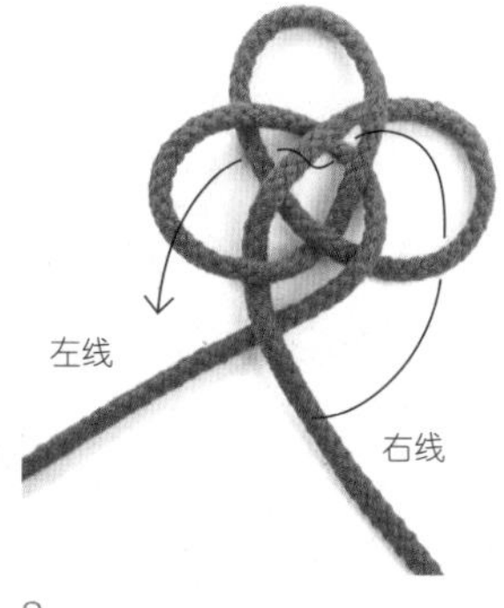

3

继续走左线，穿过第两个圈，从第1个圈拉出，压线，挑线，此时右线在上。

4

接着将右线按逆时针方向进行挑、压、挑、压、挑、压走线，中间镂空处形成1个五角星形状。

5

橘色线顺着咖色线的走向依次穿过，形成第2层。

6

白色线同样顺着咖色线的走向依次穿过，形成第3层。

7

剪掉多余线头，用热熔胶黏好，完成。

▶ **所用材料**

砖红色棉线：长160cm，直径0.5cm 1根

白色棉线：长130cm，直径0.3cm 1根

▶ **所用工具**

尺子、剪刀、热熔胶

▶ **所用编法**

金钱结（P013）

编织步骤

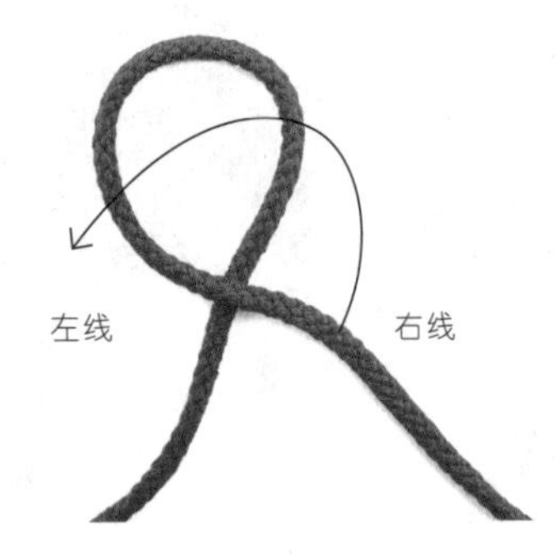

1

取1根160cm砖红色线对折交叉叠放，左线在下为长线，右线在上为短线。

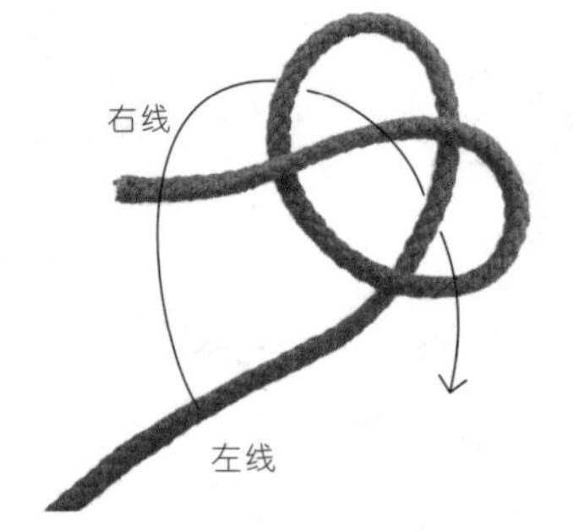

2

将右线压在步骤1的圈形上。

3

接着按逆时针方向进行挑、压、挑、压、挑走线，完成金钱结，此时右线在左，左线在右。

4

左边长线折回穿过第1个结，开始编第两个金钱结。

5

长线穿过后再折回压在圈形上。

6

同样按逆时针方向进行挑、压、挑、压、挑走线，完成第2个金钱结。

7

参考上述步骤再编3个金钱结。

8

编完5个金钱结，初步调节大小，预留剩余空间和长度。

9

左边长线穿过第1个金钱结，继续编第6个金钱结。

10

拉紧余线，形成一个封闭的六联花朵造型。

11

加白色线，顺着砖红色线依次走线。

12

全部编完后，调整好松紧度，整体趋于圆形。

13

剪掉多余线头，用热熔胶黏牢，完成。

堇色杯垫

紫色至深，却少了黑色的沉闷，搭配白色一样形成强对比的效果，凸显张扬做派。

▶ 所用材料

紫色棉线：长100cm，直径0.4cm 1根
紫色棉线：长45cm，直径0.4cm 4根
紫色棉线：长30cm，直径0.4cm 1根
白色棉线：长40cm，直径0.4cm 5根

▶ 所用工具

尺子、剪刀

▶ 所用编法

双向雀头结（P010）
斜卷结（P010）

编织步骤

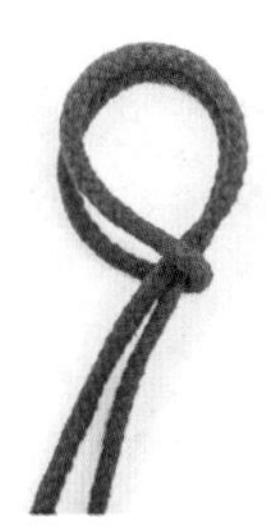

1
取1根100cm紫色线套1个活结，如图所示摆放，其中1根尾线留约30cm。

2
另取1根45cm的紫色线对折，编双向雀头结套在活结上。

3
其他3根紫色线也依次套上。

4
收紧活结，形成紧凑的圆形，10根线两两一对呈发射状排列。

5
选取编活结时的两根线，以较长的为轴线，较短的为绕线编斜卷结。

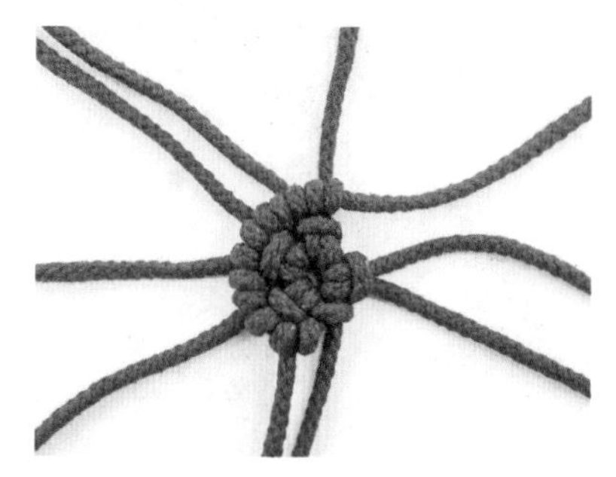

6
从左往右依次编斜卷结。

7

编完1圈，斜卷结形成的圆逐步变大。

8

由于半径增大，此时原本靠近的两组线之间出现较大间距，加1根30cm紫色线。

9

继续编斜卷结，圆的半径逐渐变大出现空位，另外取1根40cm的白色线加入，编双向雀头结收紧，再继续编斜卷结。

10

依次加完所有白色线，编斜卷结，形成间色效果。

11

继续编斜卷结，编至所需大小即停。

12

拆散剩余线头作为流苏，修剪整齐，完成。

珍心发边夹

丹丝结蝴蝶，银露小珠边，娇娇小儿女，揽镜正当年。

▶ 所用材料

72号红色玉线：长35cm 两根
72号红色玉线：长25cm 两根
72号红色玉线：长20cm 两根
71号黑色玉线：长30cm 1根
白色珍珠：直径0.5cm 1颗
小银珠：直径0.2cm 12颗
黑色小边夹：1个

▶ 所用工具

尺子、剪刀

▶ 所用编法

斜卷结（P010）
双向雀头结（P010）
双向平结（P011）
蛇结（P011）

编织步骤

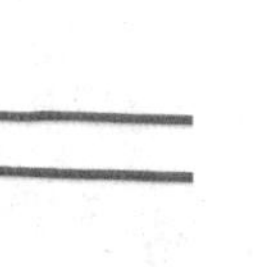

1
取1根35cm红色玉线上下并排平放。

2
左右各编1个蛇结，中间预留出0.5cm左右的距离，将黑色玉线穿过珍珠，再穿过红色玉线预留的空间。

3
将结体顺时针旋转90°，选取珍珠下方的左线作为轴线，另取1根25cm的红色玉线作为绕线，编斜卷结。

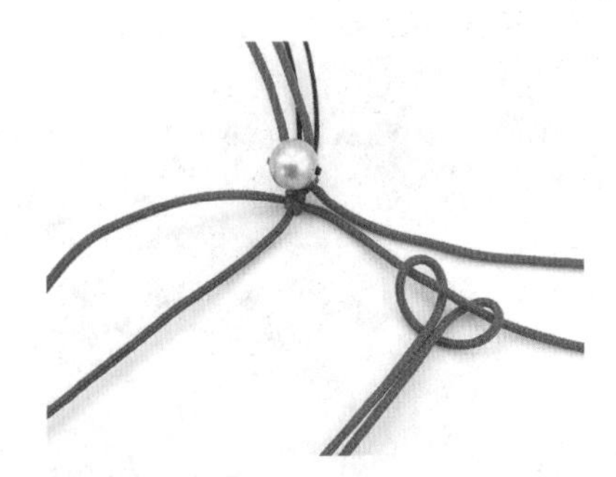

4
再取1根20cm红色玉线，编双向雀头结挂在步骤3所增加的线上。

5
将步骤3增加的线作为绕线，右侧的线作为轴线，再编1个斜卷结。

6
接着将右边的绕线拉向左边，轴线不变，继续编1个斜卷结。

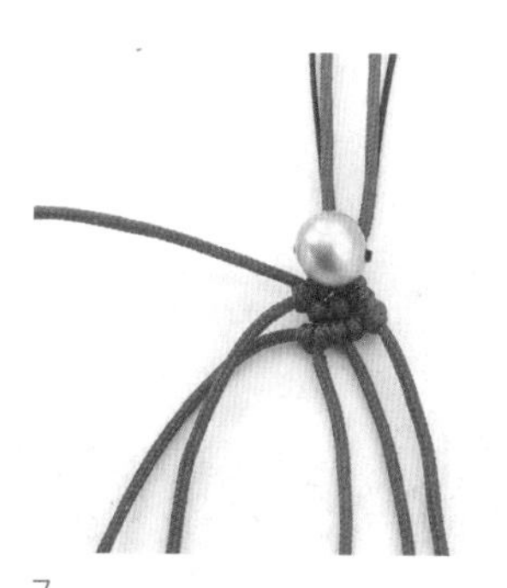

7

与相邻两根玉线依次编斜卷结。

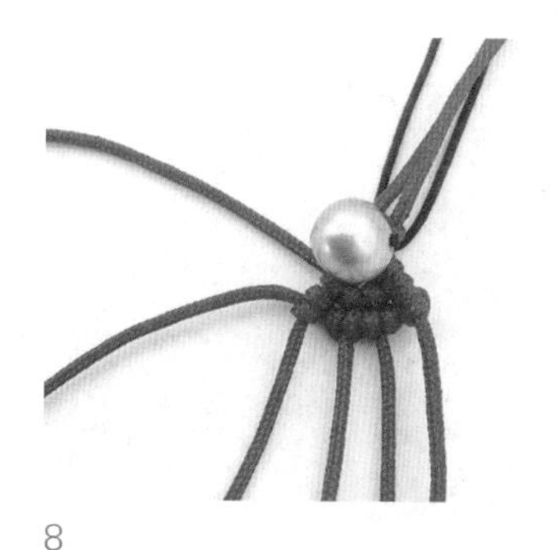

8

取左侧的红色玉线为轴线，步骤7的轴线变绕线，再编1个斜卷结。

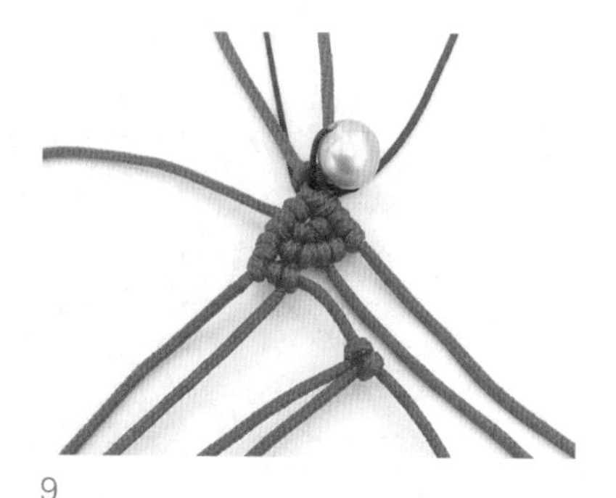

9

轴线不变，绕线往右边拉，继续编1个斜卷结。另取1根20cm红色玉线，编双向雀头结挂在轴线上，编完一排。

10

继续重复完成下一排编结。

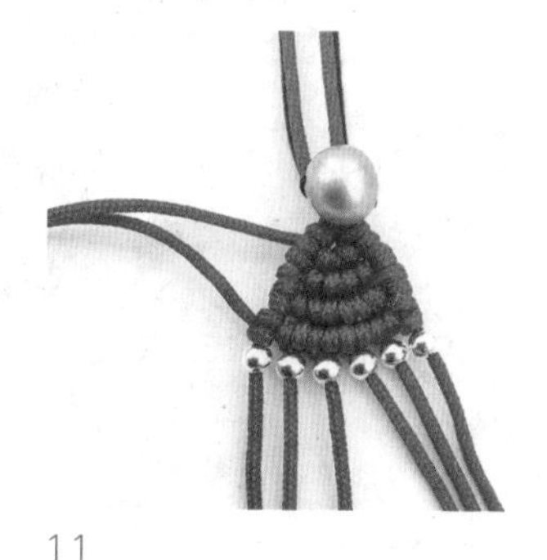

11

向下的6根玉线分别串上小银珠。

12

剪掉多余线，烧线固定，完成一半。

13

参考上述步骤，完成另外一半的编织。

14

翻至反面，将小边夹的尾部放在靠近珍珠的位置，用黑色玉线编平结固定在边夹上。

15

编至约1cm的长度，烧线固定，完成。

四季发圈

内圆外方，是造型的亮点所在。玫红娇俏、湖蓝静谧、艳而不俗，既别致又大方。

▶ **所用材料**

72号玫红色玉线：长35cm 两根
72号玫红色玉线：长70cm 1根
72号玫红色玉线：长30cm 6根
72号绿色玉线：长30cm 6根
粉晶戒面：1个
弹力发圈：1个
小银珠：直径0.3cm 4颗
大银珠：直径0.4cm 4颗

▶ **所用工具**

尺子、剪刀、钩针

▶ **所用编法**

单向雀头结（P010）
斜卷结（P010）
蛇结（P011）

编织步骤

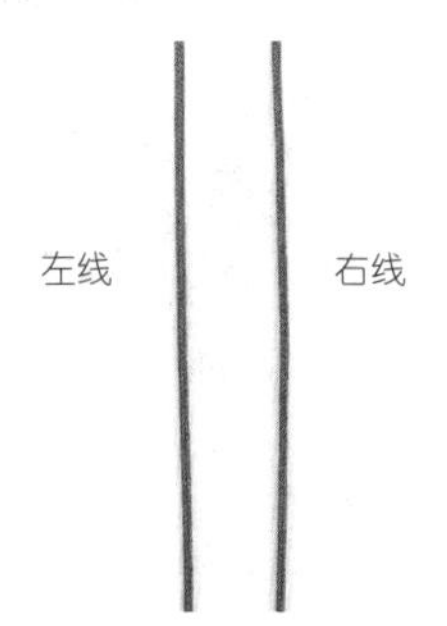

1

取两根35cm玫红色玉线作为轴线并排，间隔1mm。

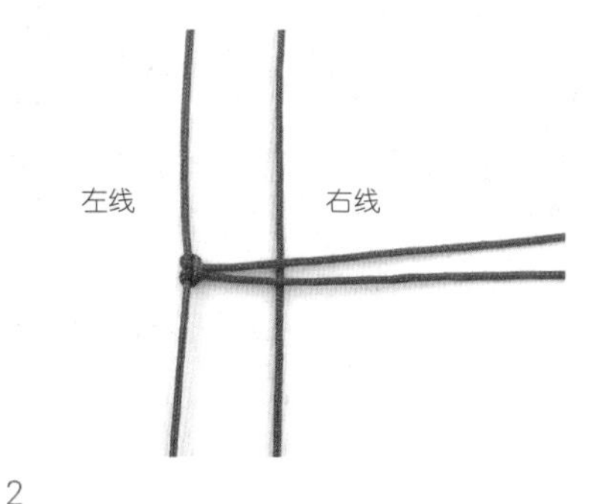

2

另取1根70cm玫红色玉线编单向雀头结挂在左线上。

3

左右对向编单向雀头结，形成包戒面的边。

4

根据所需包的戒面大小编好长度，略大于戒面周长即可。

5

放入戒面，将两头轴线对向一起编蛇结，收紧包边。

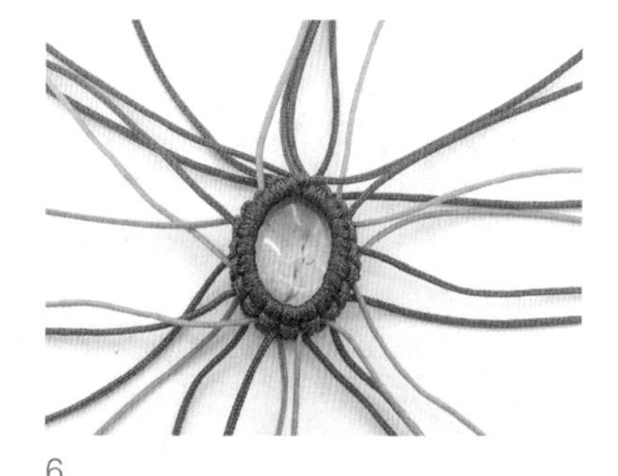

6

依照图示，用钩针分别相间加入6根30cm绿色玉线和6根30cm玫红色玉线，注意不要离得太近。

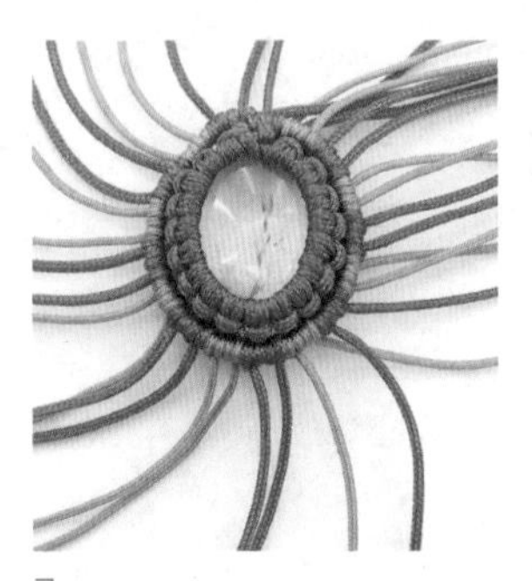

7

将编蛇结余下的线做轴线，依次加入线编斜卷结，围包边一圈。

8

将所有玉线（按照图示）分成3部分。

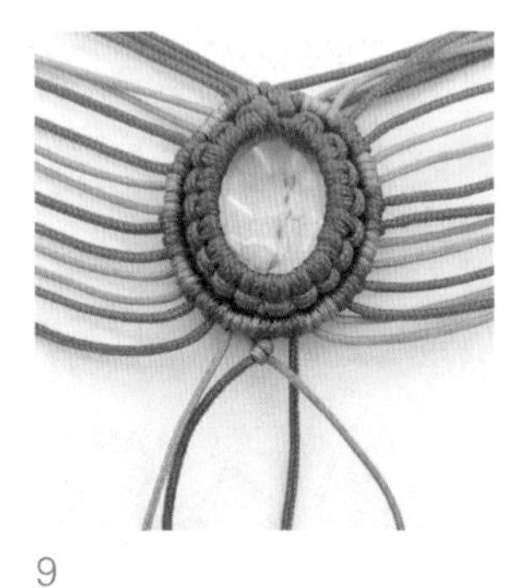

9

玫红色玉线为轴线，绿色玉线为绕线，编1个斜卷结。

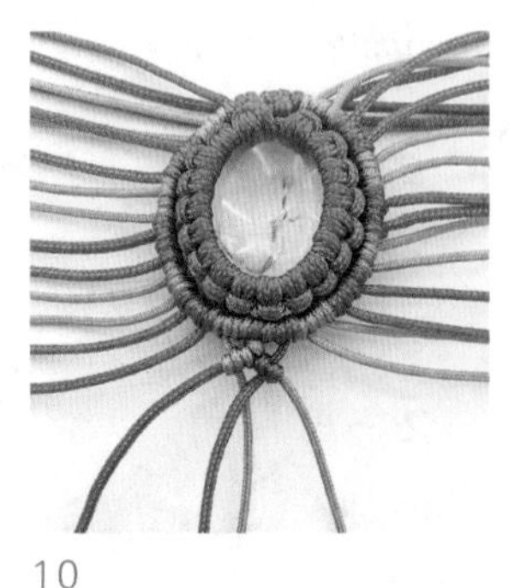

10

继续编斜卷结。

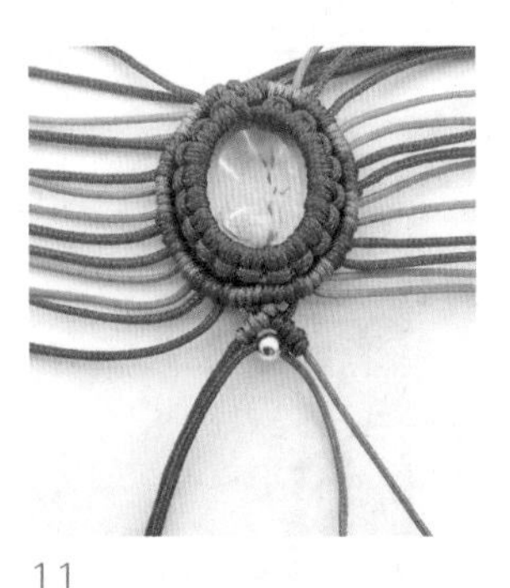

11

将两根绕线对向串1颗银珠。

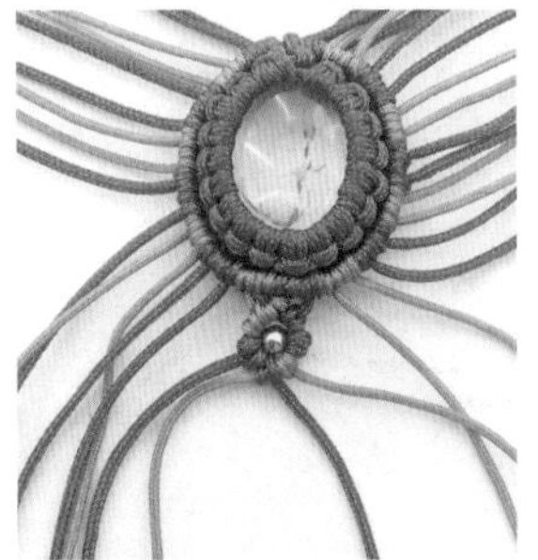

12

继续编斜卷结，形成1个合围造型。

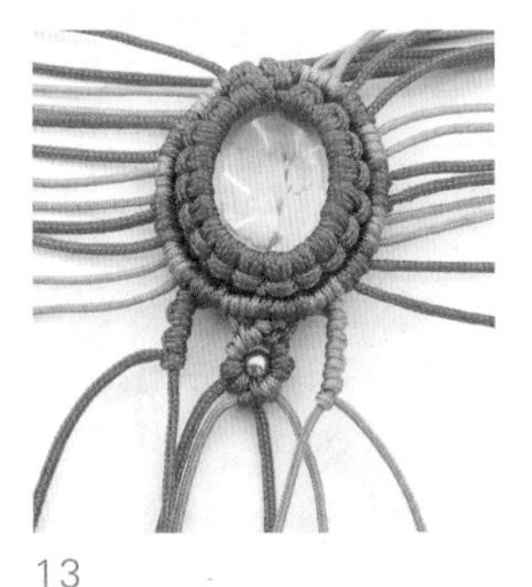

13

用两侧的线分别编斜卷结，用玫红色玉线编3个结，用绿色玉线编5个结。

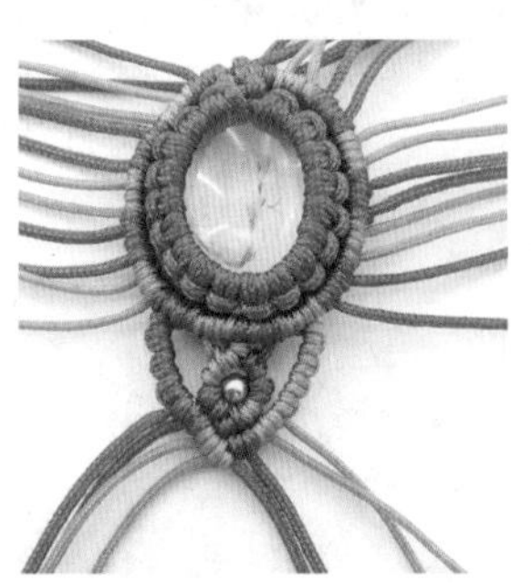

14

继续编斜卷结，合成尖角形状。

15

重复步骤8～14，编完其他3个尖角。

16

将相邻两个尖角的外侧1根玉线对向串1颗大银珠。

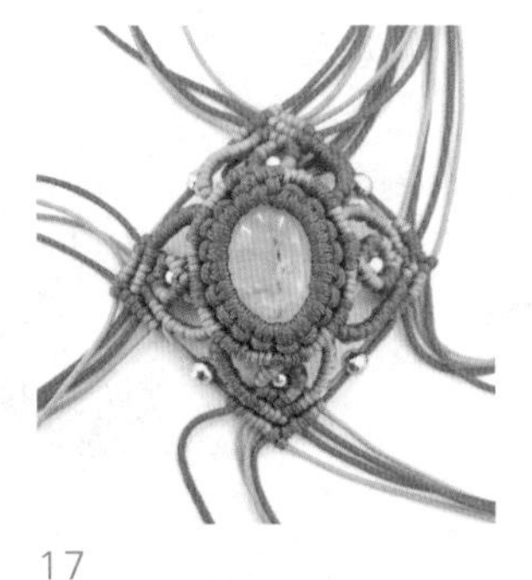

17

继续编一排斜卷结收至尖角位置。

18

剪掉多余的线头，烧线固定，将发圈缝好。完成。

双层的两翼绶带结本身就是婉约的代表，红色的丝线平添柔美，再加上少量的铜珠点缀，相衬得宜。

▶ 所用材料

72号深红色玉线：长70cm 两根
黄铜圆珠：直径0.4cm 4颗
黄铜耳钩：1对

▶ 所用工具

剪刀、尺子、打火机

▶ 所用编法

纽扣结（P012）
绶带结（详见教学视频）
凤尾结（P012）

编织步骤

1
取1根70cm深红色玉线对折，穿过耳钩，编1个纽扣结。

2
将两根玉线合并为1组，如图所示摆放，开始编绶带结（可参考第131页绶带结编法）。

3
未收紧前的绶带结。

4
翻至反面，收紧，调整结形，两翼扯出圈形。

5
再编1个纽扣结。

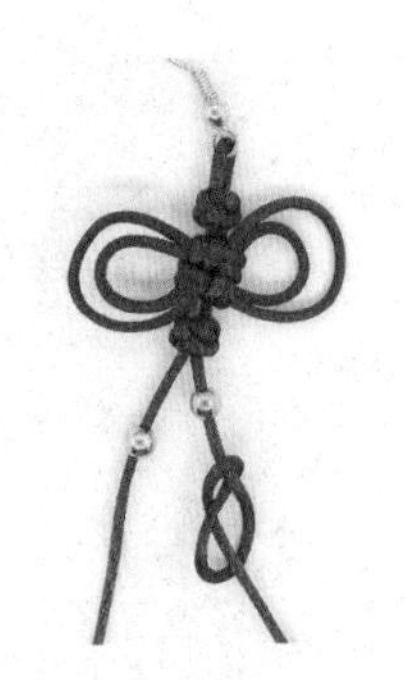

6
两根玉线各串1颗黄铜圆珠，右边预留约3cm开始编凤尾结。

7
左边预留2cm，继续编1个凤尾结。

8
剪掉线头，烧线固定，完成。重复上述步骤，完成另一只耳饰。

雀羽耳饰

红色、蓝色、黄色层层递进，花纹协调一致，形成强烈的视觉美感。

▶ 所用材料

72号宝蓝色玉线：长40cm 26根
72号浅蓝色玉线：长80cm 两根
72号黄色玉线：长40cm 两根
71号红色玉线：长15cm 两根
水滴形合金配件耳钩：1对
红水滴形玛瑙：2颗

▶ 所用工具

尺子、剪刀、打火机

▶ 所用编法

双向雀头结（P010）
斜卷结（P010）
蛇结（P011）

编织步骤

1

取1根40cm宝蓝色玉线中间对折，编双向雀头结挂在耳钩上。

2

挂上12根宝蓝色玉线作为轴线。

3

另取1根宝蓝色玉线，从左边开始编斜卷结。

4

编完一排斜卷结，注意保持松紧一致。

5

接着取1根浅蓝色玉线编斜卷结。

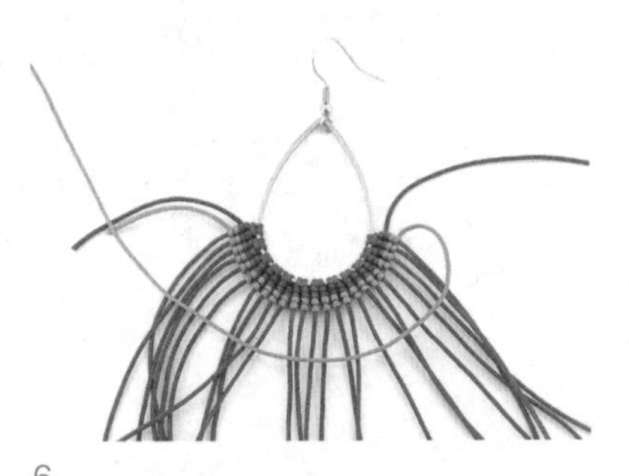

6

编完一排后向左边折回。

7

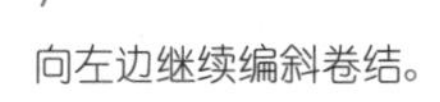

向左边继续编斜卷结。

8

编两排浅蓝色斜卷结。

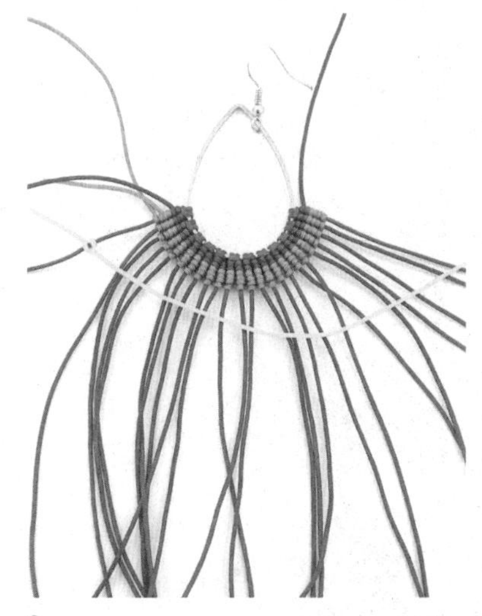

9

再取1根黄色玉线，从左边开始编斜卷结。

10

编完一排。

11

将每根宝蓝色轴线留出1.5cm长度，剪去余线，烧线固定。

12

取1根15cm红色玉线，编4个蛇结将红水滴形玛瑙固定在耳钩上。完成。

春日项链

圈形结构明确了整体效果，用草绿色和米黄色搭配，营造出初春的氛围。

▶ 所用材料

米黄色A线：长180cm，直径0.2cm 1根
绿色A线：长180cm，直径0.2cm 1根
72号红色玉线：长25cm 1根
72号红色玉线：长15cm 1根

▶ 所用工具

剪刀、尺子、打火机

▶ 所用编法

同心结（详见教学视频）
双向平结（P011）
藻井结（P016）

编织步骤

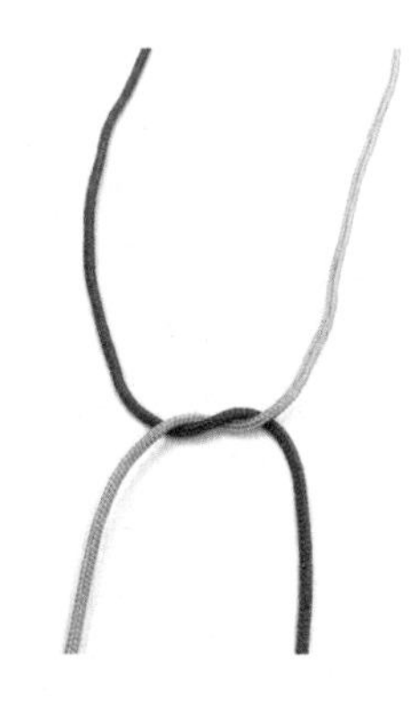

1
取1根180cm米黄色A线和1根180cm绿色A线，中间互相缠绕。

2
连续编3个单结，并保持大小一致。

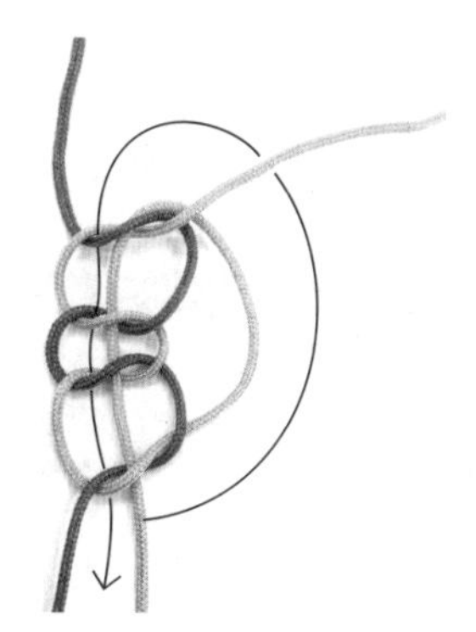

3
将右下方的米黄色A线向上挑过右上的线，再折回穿过中间4个结。

4
左下方的绿色A线同步骤3，此时中间米黄色线和绿色A线分别在左右两边形成两个耳。

5
抽动绿色A线和米黄色A线，依次收紧3个单结。

6
继续整理收紧，藻井结完成。

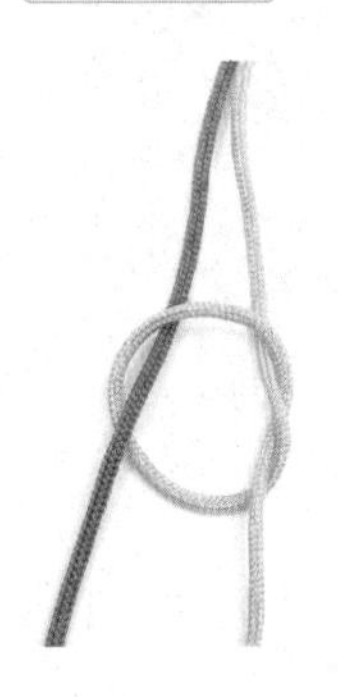

7

参考上述步骤，编好5个藻井结，接着开始编同心结，右边米黄色A线按顺时针方向绕1个圈，绿色A线穿过右边的圈。

8

绿色A线按逆时针方向绕1个圈，收紧绿色A线和米黄色A线，完成同心结。

9

编好其他同心结和藻井结，完成链身部分。

10

取1根15cm红色玉线弯成1个圆作为轴线，另取1根25cm红色玉线在圆的交叉位置编双向平结。

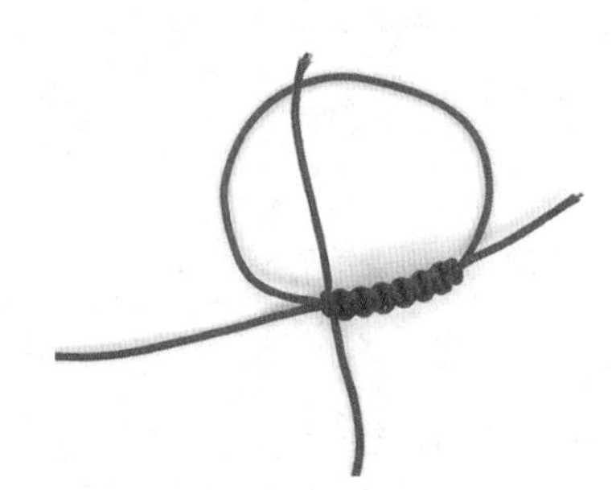

11

共编7个双向平结，然后将圈套入项链尾绳，再收紧双向平结的轴线。

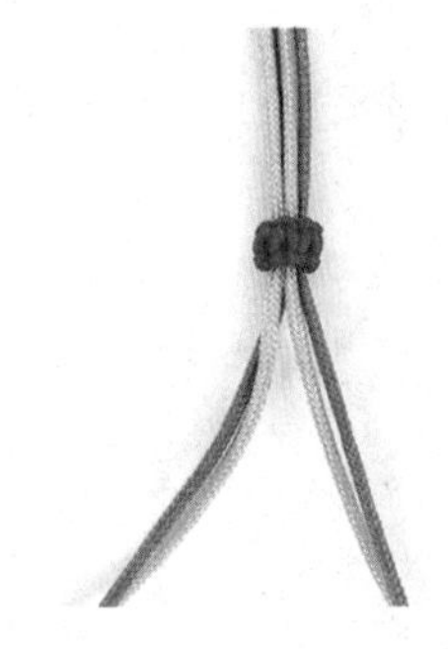

12

形成小圈后，作为调节扣使用。

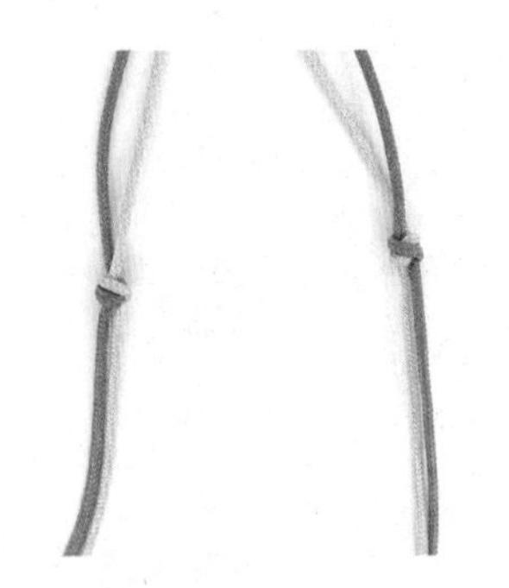

13

将上图所示的4根线，每边1根绿色A线和米黄色A线，各编1个同心结。

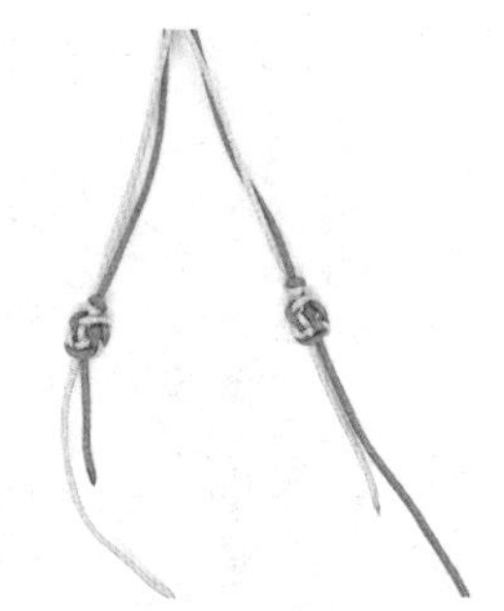

14

紧挨同心结，每边再各编1个藻井结作为坠子。

15

剪掉多余的线头，烧线固定，整理松紧。完成。

绿珠美人项链

圆珠类项链以平串居多，此款一反常态，借用编结做托，颗颗绿珠垂挂，既动感十足又能保持项链造型不变。

▶ **所用材料**

粉色A线：长200cm，直径0.3cm 1根
绿色A线：长220cm，直径0.3cm 1根
72号浅紫色玉线：长25cm 1根
71号蓝色玉线：长15cm 5根
72号粉色玉线：长20cm 1根
小银珠：直径0.2cm 5颗
绿色琉璃珠：直径1.5cm 5颗

▶ **所用工具**

剪刀、尺子、打火机

▶ **所用编法**

单向平结（P011）
蛇结（P011）
纽扣结（P012）
双联结（P012）
金钱结（P013）

编织步骤

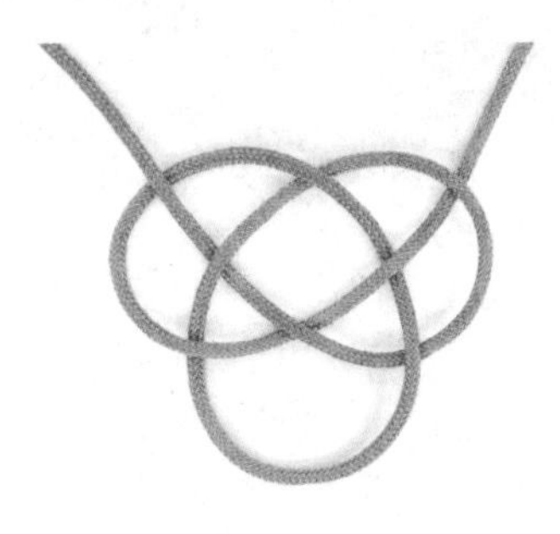

1
取1根220cm绿色A线编1个金钱结。

2
将编好的金钱结放置在左边，右边保留较长的线，再编1个金钱结。

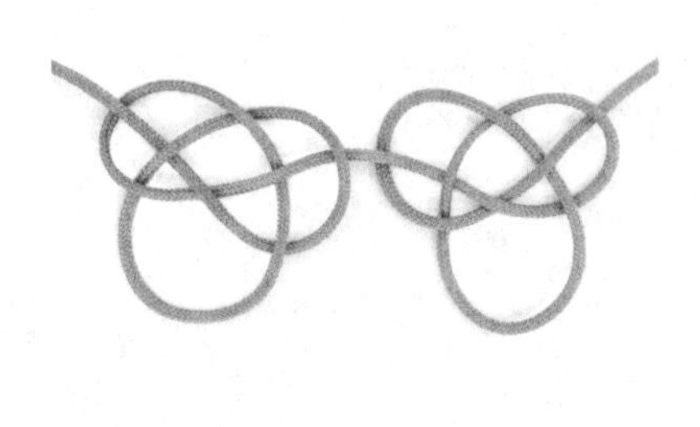

3
编好两个金钱结。

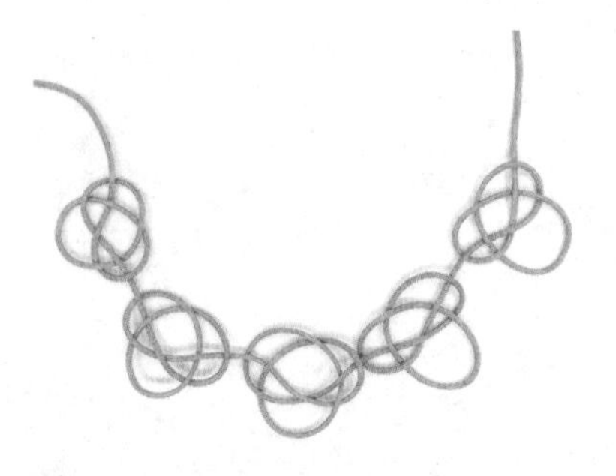

4
一共编5个大小一致的金钱结。

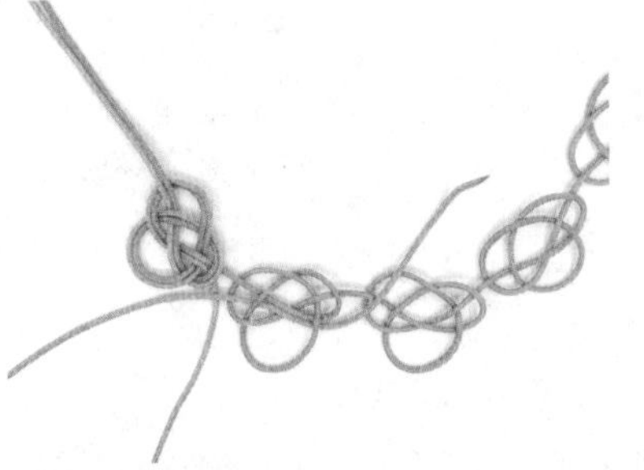

5
取1根200cm粉色A线沿着绿色A线的轨迹做双层效果。

6
粉色A线编完，将双色线收紧，整理好形状。

7

接着开始编纽扣结，双线双色。

8

图为收紧后的效果。

9

连续编3个纽扣结。

10

左边对应编3个纽扣结，结与结之间的距离保持一致。

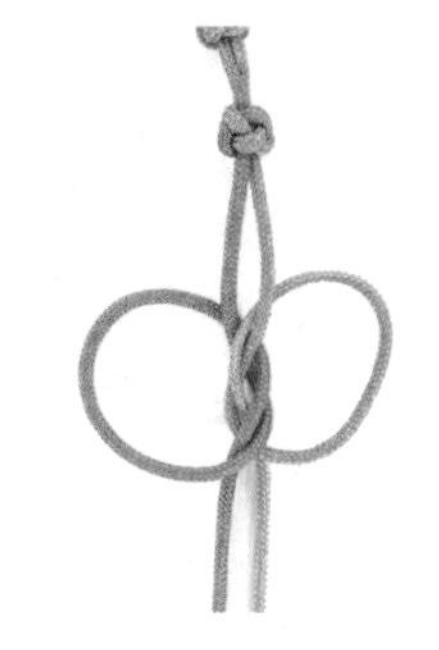

11

接着开始编双联结。

12

收紧，调整成型。

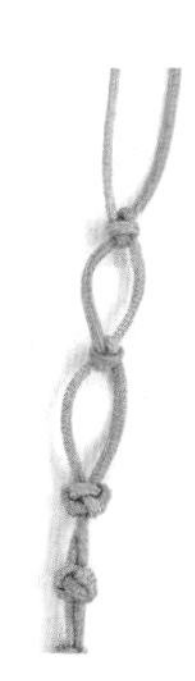

13

每边对应编上双联结。

14

编完3个双联结后，每边再各编两个纽扣结，项链编至理想长度即停。

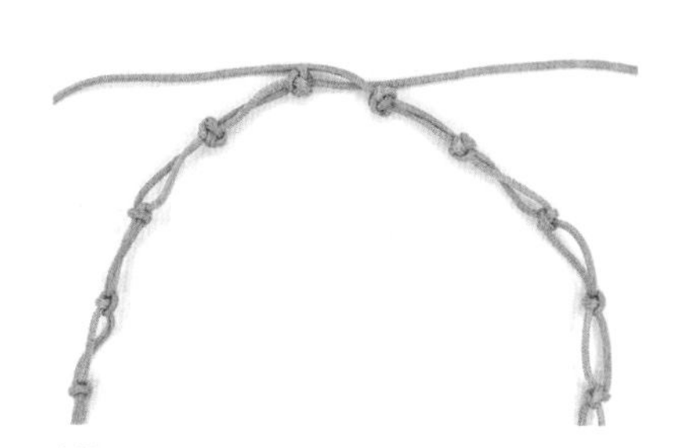

15

剪掉粉色A线，烧线固定，保留绿色A线。

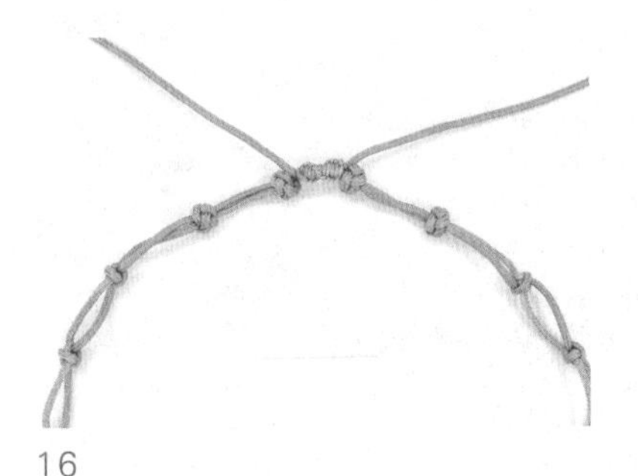

16

另取1根浅紫色玉线，编1段约2cm的单向平结做调节。

17

取5根蓝色玉线，每根线中间串1颗小银珠再穿过大绿珠。

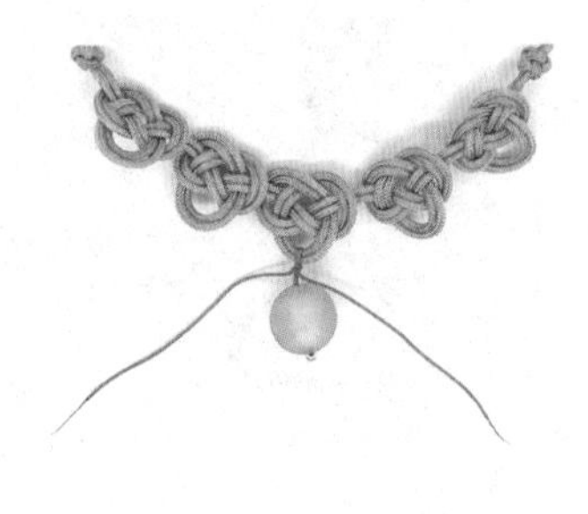

18

将蓝色玉线两端对向穿过金钱结中间的孔，再合并编两个蛇结固定。

19

用同样的方法系上其他4个珠子，并烧线固定。

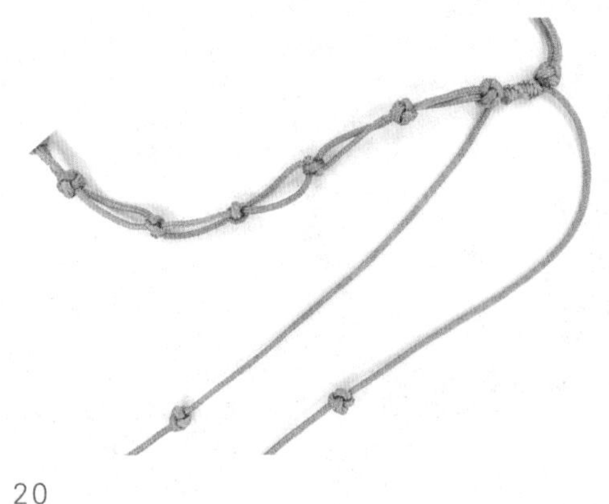

20

绿色A线从单向平结部分开始，留出约15cm的长度开始编纽扣结。

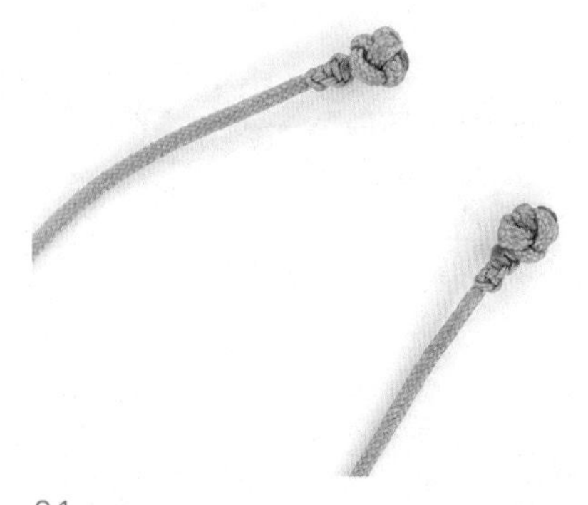

21

每边各编1个纽扣结，烧线固定。另取两根粉色玉线，再编一段单向平结，点缀在纽扣结上。

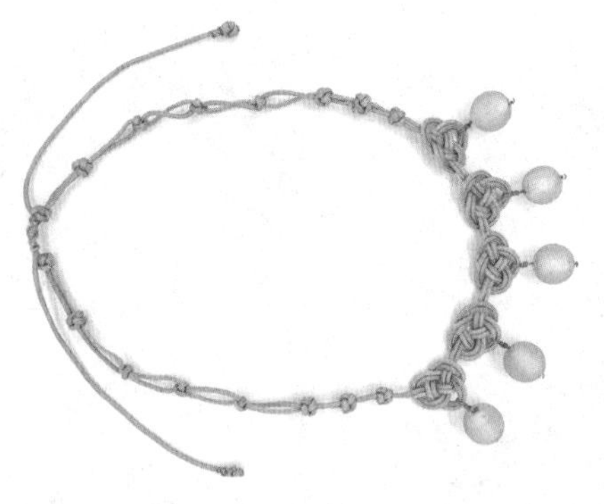

22

调整，完成。

花期如梦胸针

小野花连名字都没有，三五枝扎起来居然也有了动人的颜色。

▶ **所用材料**

浅紫色A线：长15cm，直径0.2cm　7根
6号浅粉色人造丝：长20cm 7根
72号绿色玉线：长30cm 1根
71号浅红色玉线：长15cm 7根
白珍珠：直径0.4cm 7颗
长针形胸针配件：1个

▶ **所用工具**

剪刀、尺子、打火机、钩针

▶ **所用编法**

单向雀头结（P010）
蛇结（P011）
绕线（P015）

编织步骤

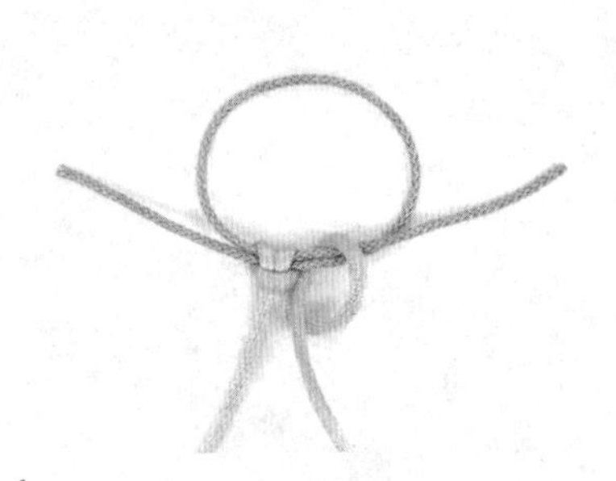

1
取1根15cm浅紫色A线，两端重叠绕1个圈，另取1根浅粉色人造丝，中间对折向下套入浅紫色线圈，编1个单向雀头结。

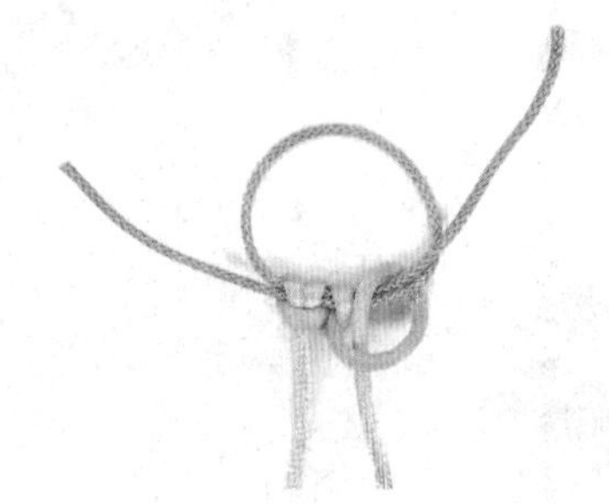

2
右边再编1个单向雀头结。

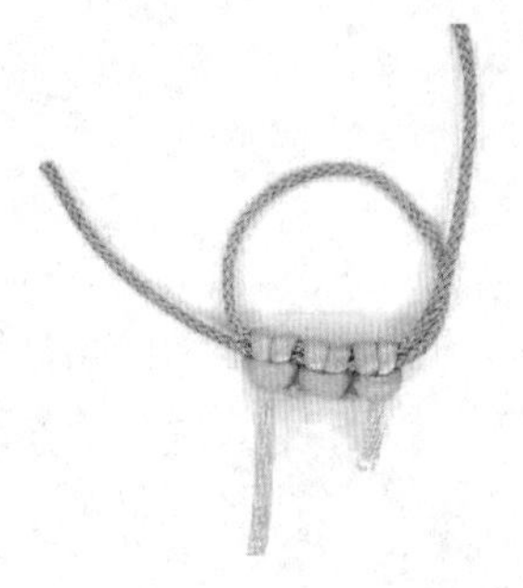

3
继续编1个单向雀头结，共3个单向雀头结。

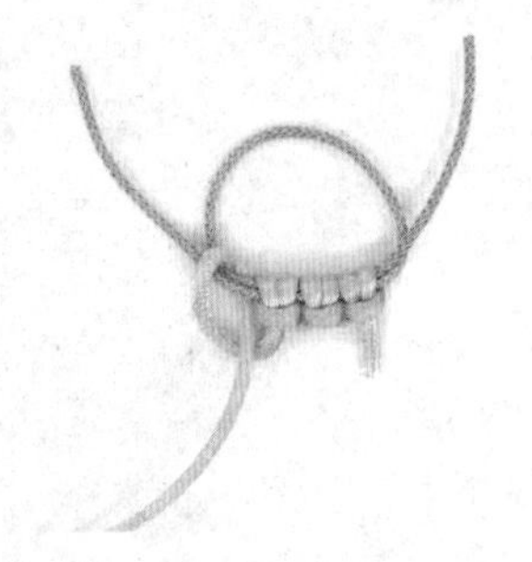

4
左边同样编单向雀头结。

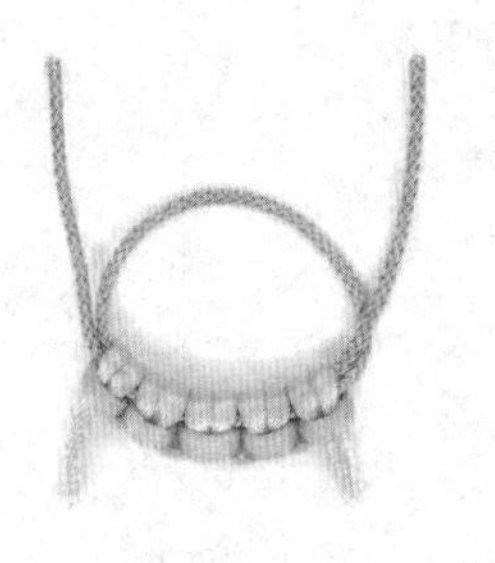

5
共编5个单向雀头结。

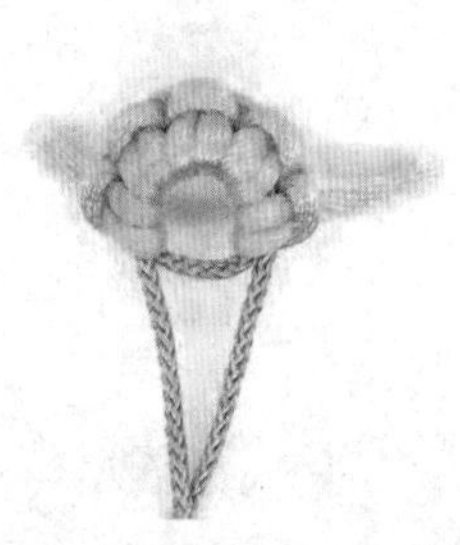

6
慢慢收紧浅紫色A线。

7

完全收拢，形成花朵造型。

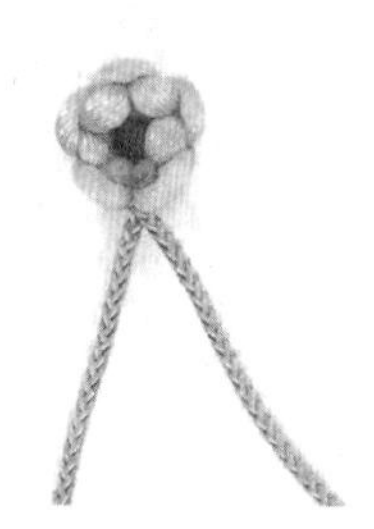

8

翻至反面，剪掉多余的浅粉色人造丝线头，烧线固定。

9

取1根浅红色玉线串上珍珠，从中间编1个蛇结。

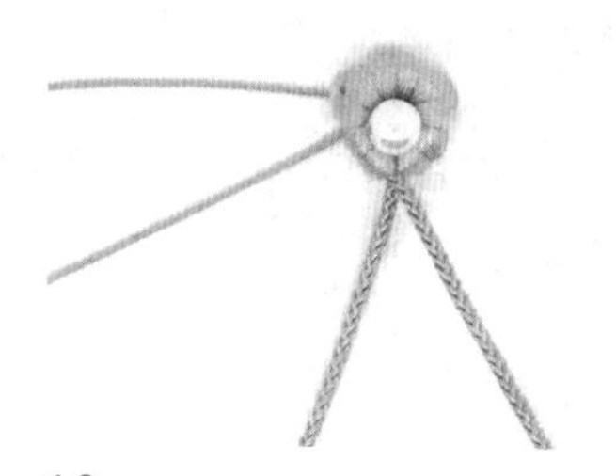

10

将串好珍珠的浅红色玉线穿过步骤7的花蕊。

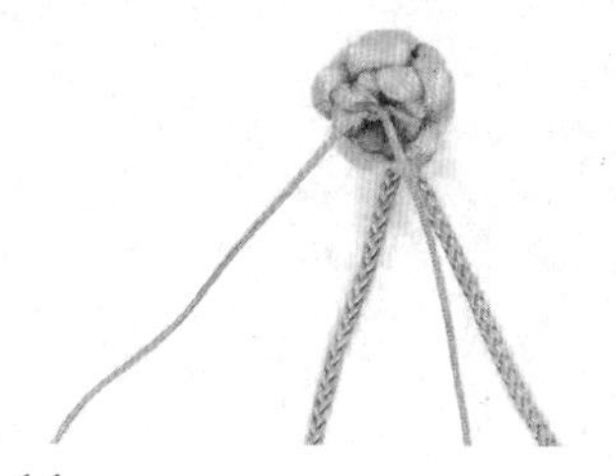

11

背面用钩针将两根浅红色玉线分别穿过两边，再编1个蛇结。

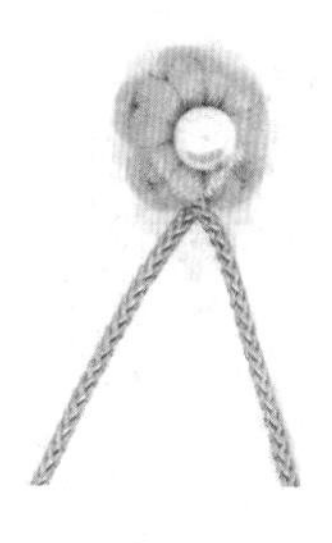

12

烧掉多余的线头，翻回正面完成一朵小花。

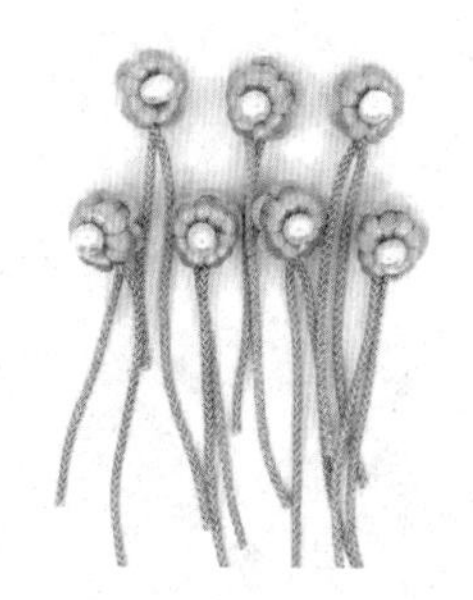

13

参考上述步骤完成7朵花。

14

取绿色玉线绕线，将所有花朵缠绕在胸针配件上。

15

剪掉多余的绿色玉线，调整花朵的高低位置，形成错落有致的效果。完成。

新春六福胸针

喜庆的大红，六瓣金钱花，任谁欣赏都觉得幸福满怀。

▶ 所用材料

红色扁丝带：长150cm 1根
蓝玛瑙圆珠：直径0.8cm 1颗
胸针配件：1个

▶ 所用工具

剪刀、尺子、泡沫板、珠针、
打火机、热熔胶

▶ 所用编法

金钱结（P013）
草花结（详见教学视频）

编织步骤

1
取1根150cm红色扁丝带中间对折，编1个金钱结。

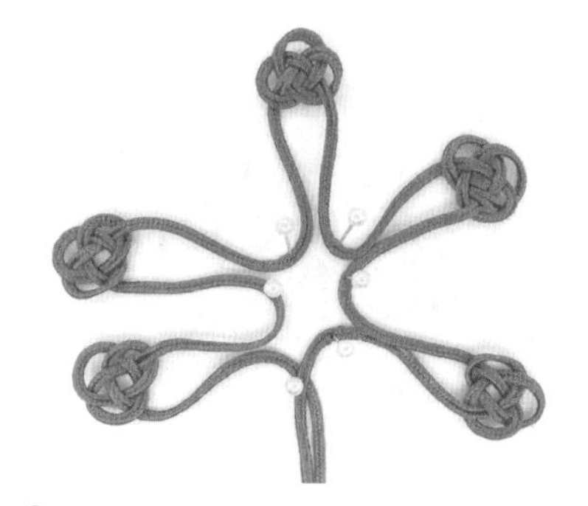

2
平均布线，共编完5个金钱结，在泡沫板上用珠针定位。

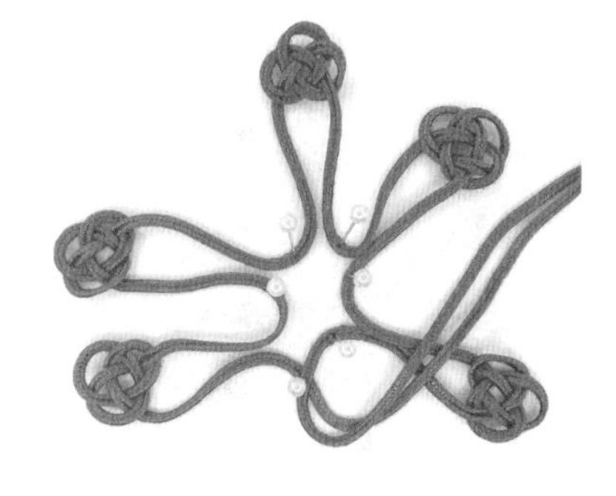

3
将下方两根尾线向右压线。

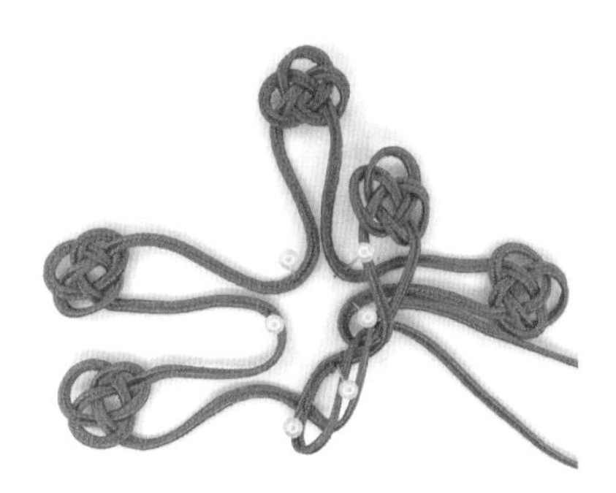

4
右下方金钱结挑过步骤3压在相邻的金钱结上。

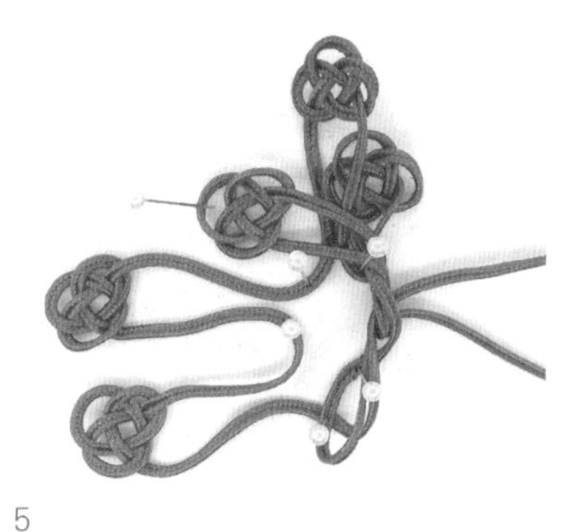

5
右边第两个金钱结参考步骤4压在最上方金钱结上。

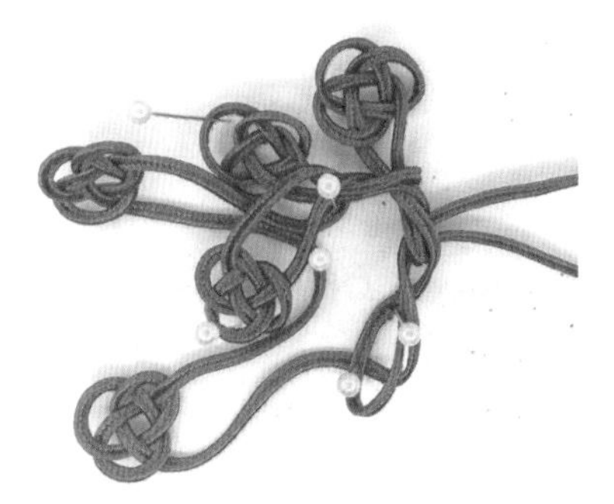

6
中间的金钱结压左上方的金钱结上。

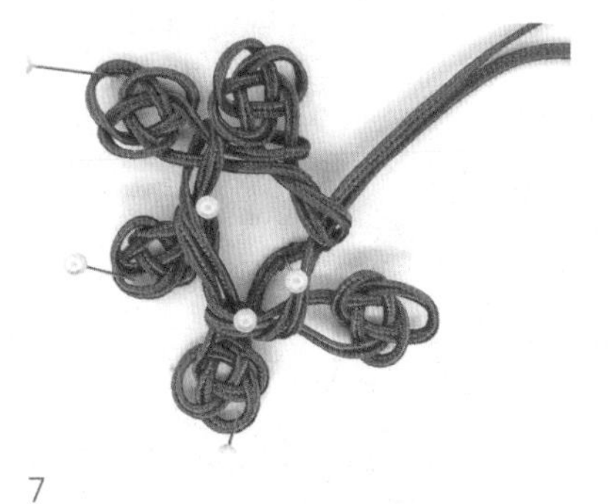

7

左上压左下，左下再穿过步骤3预留的空位。

8

抽紧各方向的线，草花结完成。

9

继续重复编第2遍，从尾线开始向右压线。

10

同上述步骤，金钱结也依次叠压。

11

逆时针压线1圈，形成紧凑的花样。

12

尾线再编1个金钱结，组成6个金钱结。

13

剪掉线头，烧线固定在背面，取胸针配件放在背面。

14

将蓝玛瑙圆珠放进草花结的中间，用热熔胶将圆珠和胸针底托黏牢。完成。

春蕾手链

黄色与绿色相配，明媚如春，花朵盛开。金珠跳跃，展现出一片生机勃勃的景象。

▶ **所用材料**

72号黄色玉线：长180cm 1根
72号绿色玉线：长120cm 1根
白玛瑙圆珠：直径0.8cm 1颗
琉璃金珠：直径1cm 1颗
陶瓷花：1朵

▶ **所用工具**

尺子、剪刀、打火机

▶ **所用编法**

单向雀头结（P010）
蛇结（P011）
玉米结（P015）

编织步骤

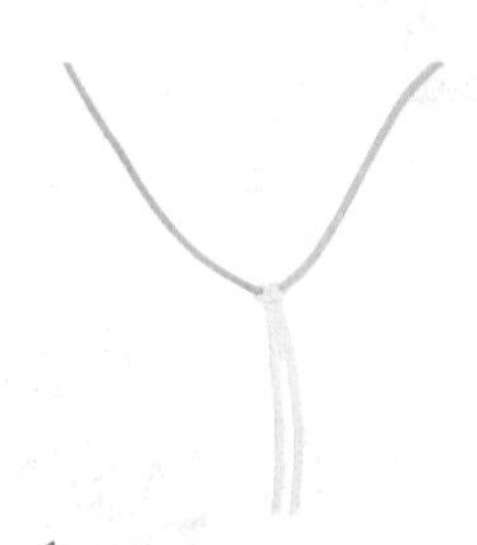

1
取1根180cm黄色玉线，编1个单向雀头结套在绿色玉线中间。

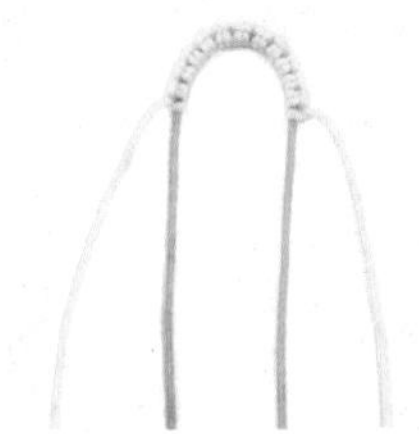

2
分别从第1个单向雀头结的左右两边连续编单向雀头结，共编12个。

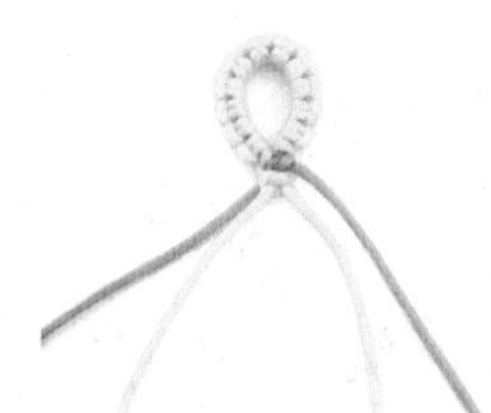

3
用两根绿色玉线先编1个蛇结，接着再用两根黄色玉线再编1个蛇结。

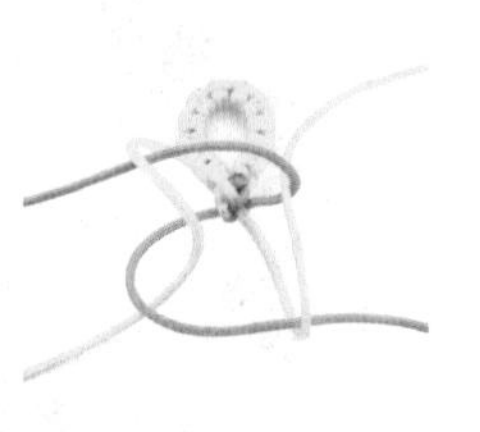

4
如图所示进行排线，编1个玉米结。

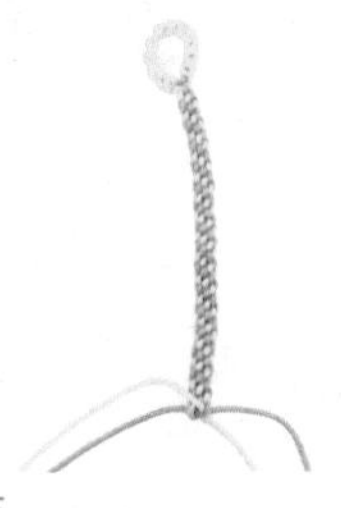

5
重复编玉米结，编至约7cm时停止编织。

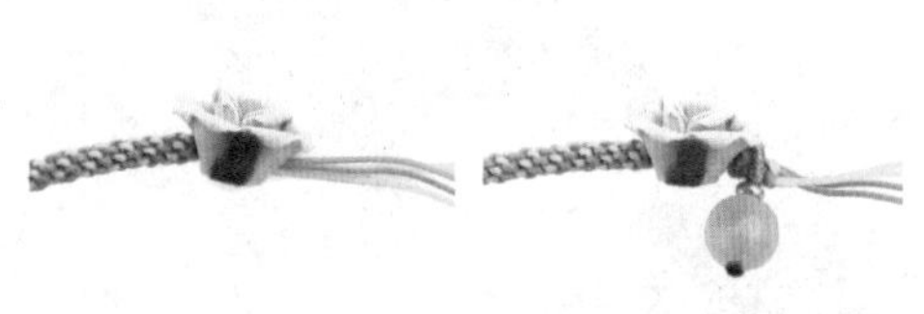

6
将4根线穿过陶瓷花。

7
挨着陶瓷花编1个蛇结，放入拉好圈的琉璃金珠，再编1个蛇结。注意保留一定的空间，使琉璃金珠能够活动自如。

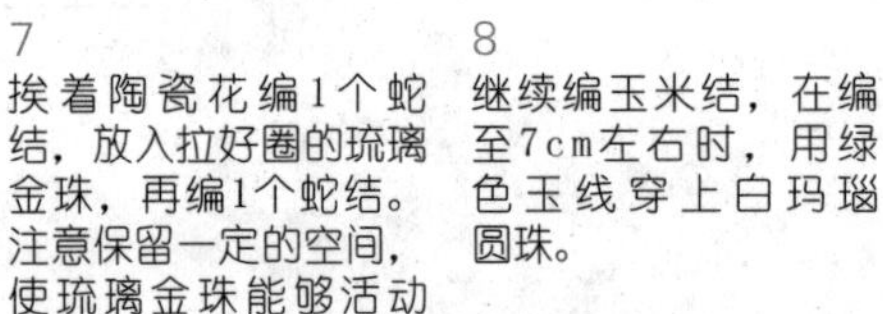

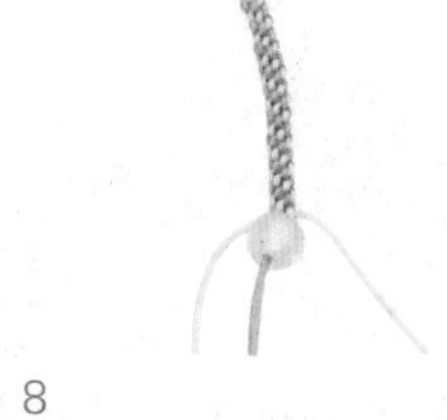

8
继续编玉米结，在编至7cm左右时，用绿色玉线穿上白玛瑙圆珠。

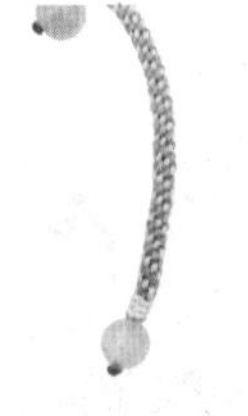

9
用两根黄色玉线连续编3个蛇结，烧掉余线。再用绿色玉线编1个蛇结，烧掉余线。

10
将编好的白色玛瑙圆珠作钮，套入开头的扣。完成。

贝雕的造型和编结相似，体现了设计中的协调一致；紫色与蓝色的运用，在统一中又留有一些对比，使其更加经典、耐看。

▶ **所用材料**

蓝色B线：长100cm，直径0.2cm 1根
紫咖色B线：长100cm，直径0.2cm 1根
深紫色股线：长300cm 1根
蓝绿色股线：长300cm 1根
橙色股线：长50cm 1根
白贝结：直径2cm 1个

▶ **所用工具**

尺子、剪刀、打火机

▶ **所用编法**

同心结、万字结（详见教学视频）
蛇结（P011）
纽扣结（P012）
绕线（P015）

编织步骤

1
取1根100cm蓝色B线，中间用深紫色股线绕线，长度约14cm，拉1个橙色线圈将白贝结连起来（可参考第111页步骤1～2中的拉圈编法，再烧掉余线固定即可）。

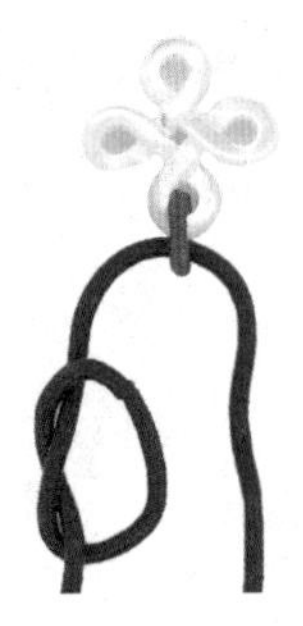

2
将左边绕线部分按顺时针方向绕1个圈。

3
右边绕线按逆时针方向穿过左边的圈，完成同心结。

4
选取中间交叉部分的右线，向右拉长，完成1个外耳。

5
同样将另1根线向左拉长，完成另1个外耳。

6
调整好4个耳，即形成万字结，接着在绕线处的尾部编1个蛇结。

7

继续向下编蛇结，编至约5cm的长度。

8

取1根蓝绿色股线拉圈做1个扣环，再用余线部分编1个蛇结。

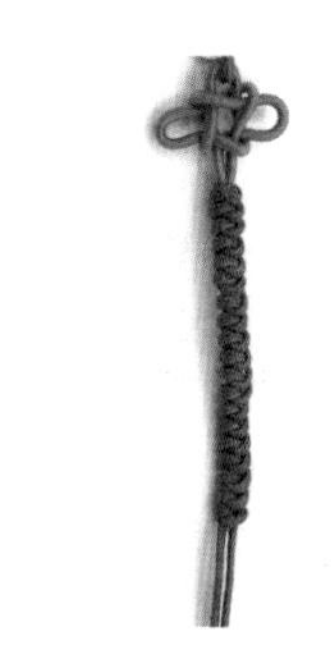

9

参考上述步骤完成另一边的编结。

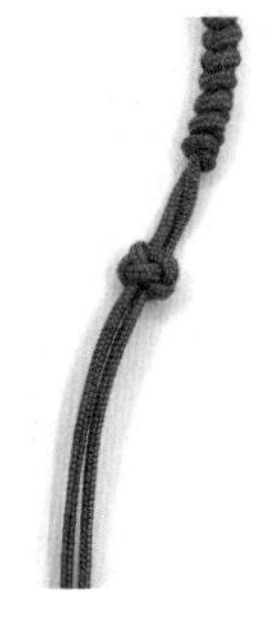

10

用紫咖色B线编完蛇结后预留出约1cm的长度，再编1个纽扣结。

11

烧线固定，完成。

时来运转手链

简约精致的时来运转手链，顺滑贴手最为关键，八股编织紧密有型，简约百搭。

▶ 所用材料

72号黄色玉线：长60cm 4根
72号蓝色玉线：长40cm 12根
72号绿色玉线：长15cm 两根
72号驼色玉线：长15cm 两根
红玛瑙珠：直径1cm 1颗
白玛瑙圆珠：直径0.6cm 2颗

▶ 所用工具

尺子、剪刀、打火机

▶ 所用编法

蛇结（P011）
单向平结（P011）
菠萝扣（P013）
四股辫（P014）

编织步骤

1

取4根60cm黄色玉线，穿上红玛瑙珠放在线中间。

2

另取1根15cm绿色玉线编1个菠萝扣，再取6根40cm蓝色玉线从中间对折，并夹在黄色玉线里，4根黄色玉线两根为1组，编1个蛇结。

3

将编结和对折线藏在菠萝扣内。

4

将16根玉线分成两半，左边为4根黄色玉线和4根蓝色玉线，右边为8根蓝色玉线。

5

左边选取1根黄色玉线，压住右边4根蓝色玉线。

6

右边选取1根蓝色玉线，压住两蓝、两黄4根玉线。

7

重复步骤5～6，依次编成黄蓝相间的纹样。

8

编至约7cm的长度，挑出4根黄色玉线，两两1组编两个蛇结，将所有蓝色玉线锁在内部，保留黄色玉线，剪掉蓝色玉线，烧线固定。

9

取1根15cm驼色玉线编1个菠萝扣，挡住烧线部位。

10

用黄色玉线编四股辫，长度约5cm，再用外侧两根玉线编1个蛇结。

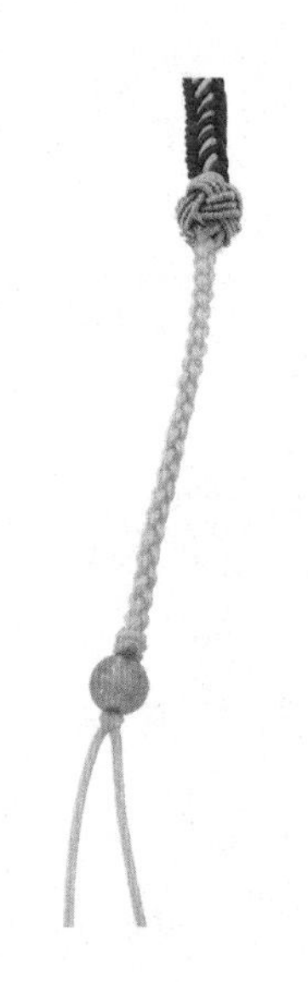

11

剪掉其中两根黄色玉线，烧线固定，剩余两根玉线串1颗白玛瑙圆珠，底部编蛇结并收紧。

12

用相同的方法将另一半编好，剪一段黄色玉线，编单向平结作为调节扣。完成。

万事如意手镯装饰

此款首饰的红色编结部分既作为美观的装饰纹样，又起到调节手镯圈口大小的作用。一饰两用，堪称创新。

▶ **所用材料**

72号蓝色玉线：长35cm 17根
金属圆珠：直径0.3cm 4颗
珍珠：直径0.6cm 1颗
绿色手镯：1个

▶ **所用工具**

尺子、剪刀、打火机

▶ **所用编法**

双向雀头结（P010）
斜卷结（P010）

编织步骤

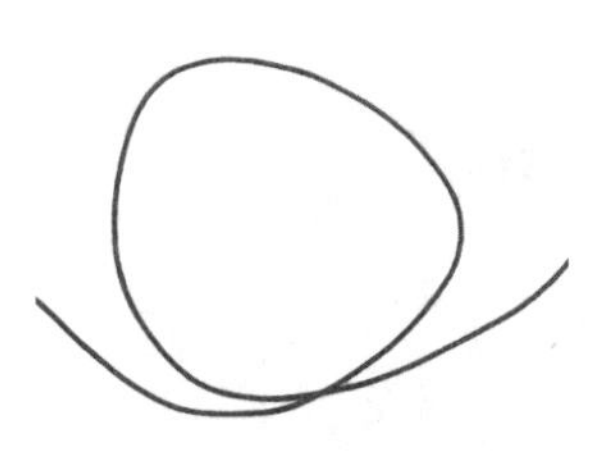

1

取1根35cm蓝色玉线，弯成1个圆作为轴线，如图所示摆放。

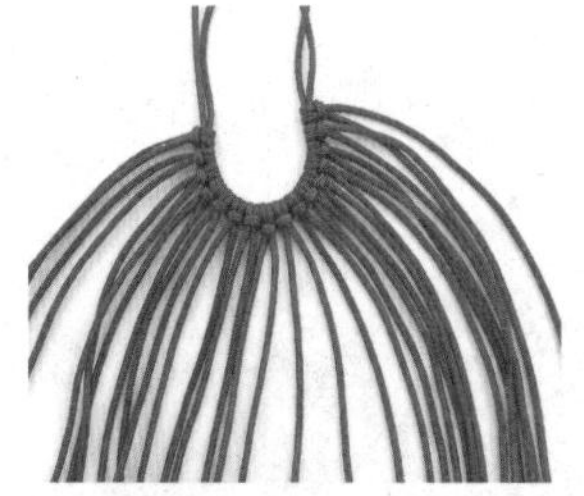

2

将其他16根线对折，编双向雀头结，挂在轴线上。

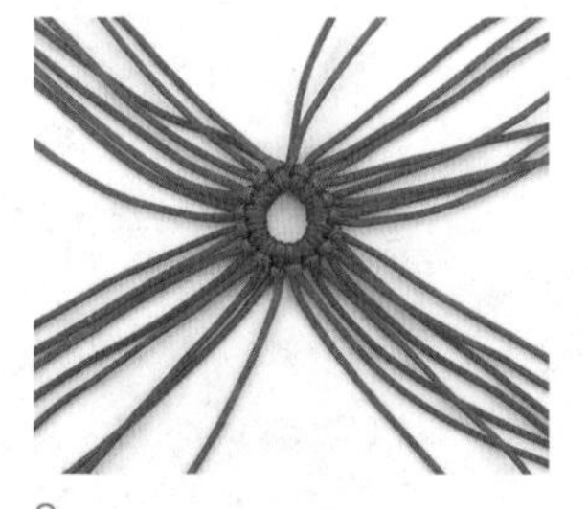

3

收紧轴线，聚拢成1个圈，取中间两根玉线为1组，剩余线分为4组，每组8根。

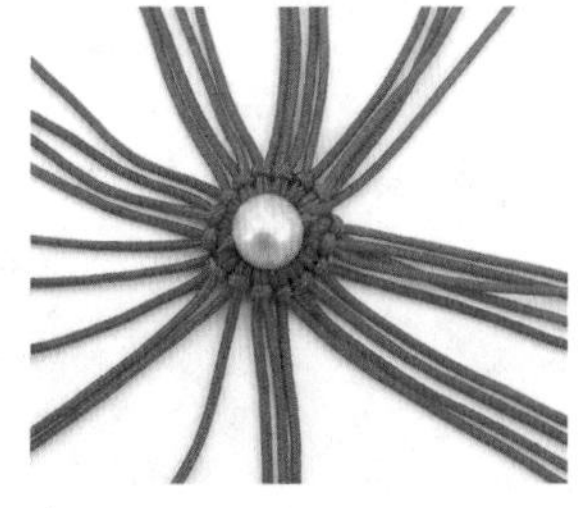

4

将中间两根玉线的其中1根向下，穿上珍珠，再对向编1个斜卷结。

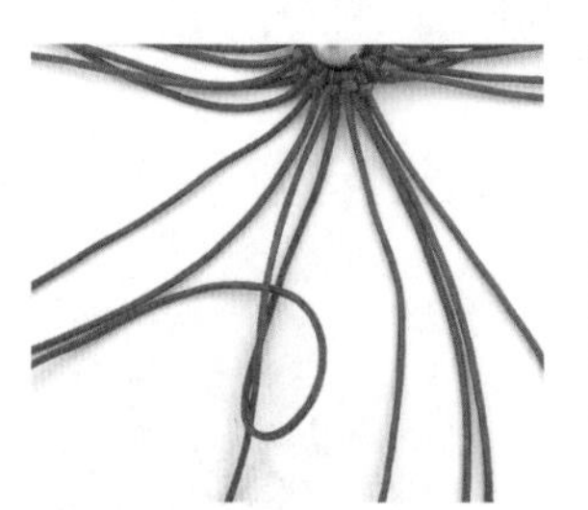

5

将8根玉线依次编斜卷结，从左边内侧的两根开始。

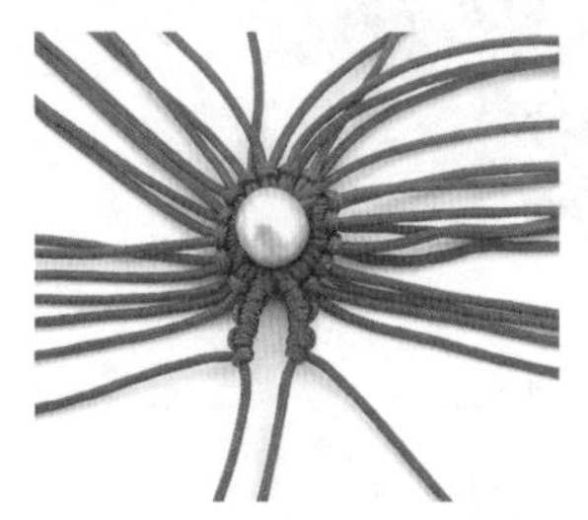

6

两边各编3个斜卷结。

7

用中间两根轴线再编1个斜卷结。

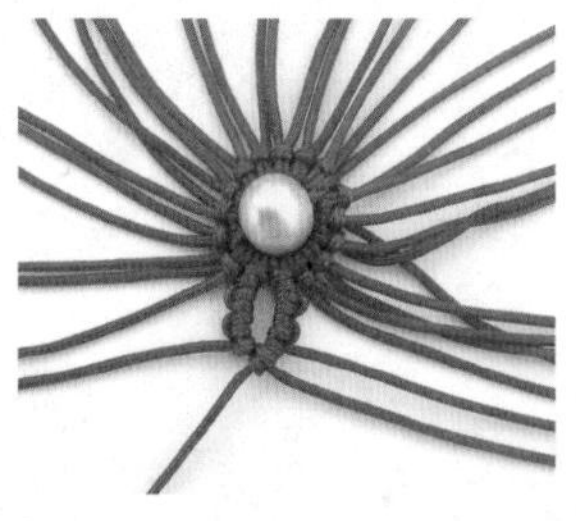

8

收紧两根轴线。

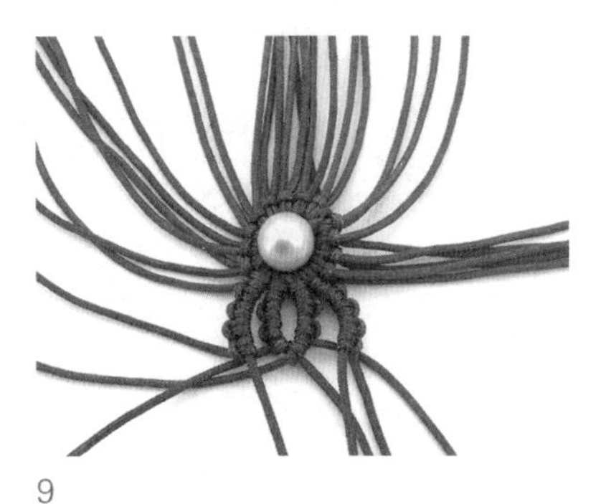

9

用相邻外侧的两根玉线分别编6个斜卷结。

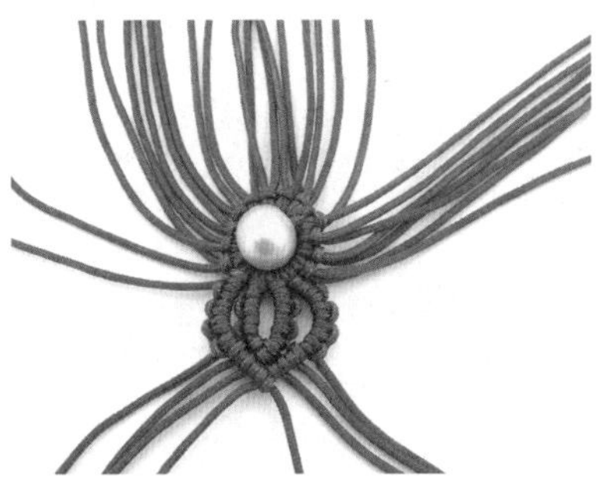

10

轴线不变，将步骤6～7剩下的线做绕线，编斜卷结连接，形成一瓣柿蒂造型。

11

依次编好其他3瓣的柿蒂形状。

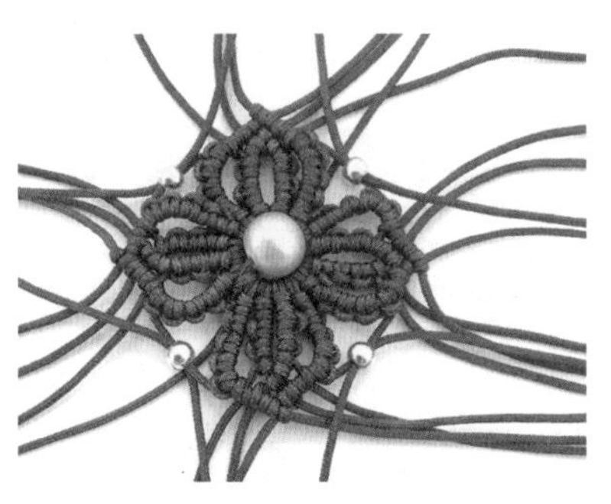

12

相邻柿蒂最外侧的两根玉线对向穿4颗小金珠。

13

将手镯放好，开始往中间收线。

14

以穿过金珠的玉线为轴线，左右两边分别向中间编斜卷结。

15

其他三面编法同步骤14，编斜卷结。

16

前后两瓣柿蒂造型向中间靠拢，编斜卷结是为了使其连接在一起。

17

剪掉余线，烧好线头固定。完成。

两小无猜戒指

深、浅两种绿色左右交织，合二为一，像极了小时候编的草戒指，那正是爱最初的模样。

▶ 所用材料

72号浅绿色玉线：长60cm 两根
72号深绿色玉线：长60cm 两根

▶ 所用工具

剪刀、尺子、打火机

▶ 所用编法

斜卷结（P010）
双向平结（P011）
左右轮结（P014）

编织步骤

1
分别取1根60cm浅绿色玉线和深绿色玉线竖向摆放。

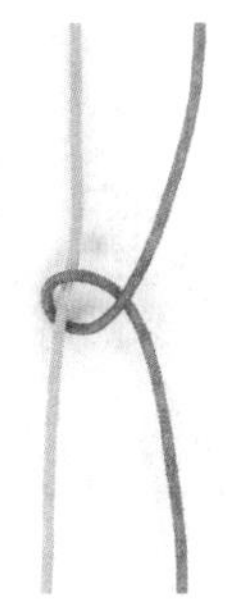

2
深绿色玉线为绕线，浅绿色玉线为轴线，编半个斜卷结。

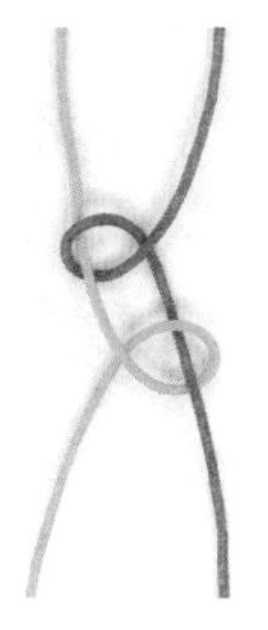

3
浅绿色玉线为绕线，深绿色玉线为轴线，再编半个斜卷结。

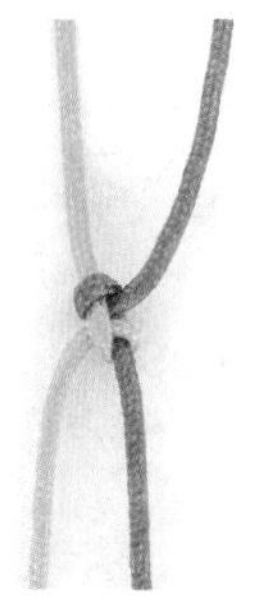

4
收紧两个结，靠拢，完成1个左右轮结。

5
使浅绿色玉线为轴线，深绿色玉线为绕线，再编半个斜卷结。

6
使浅绿色玉线为绕线，深绿色玉线为轴线，继续编半个斜卷结。

7

如此重复编织，共编14个左右的轮结。

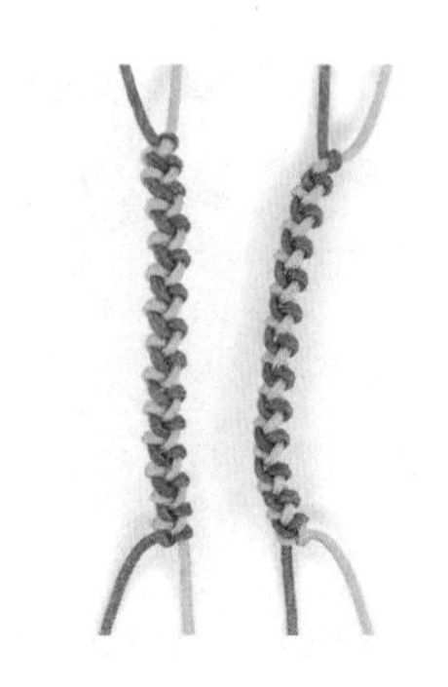

8

参考上述步骤，再编完另一条。

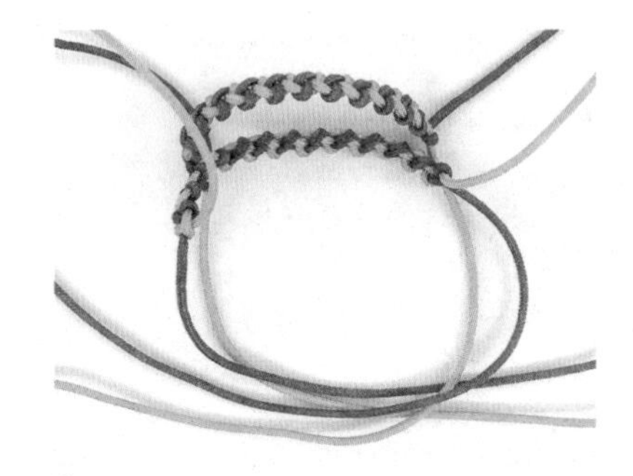

9

将编好的两条绳结上下平放，两端对向交叉，此时中间有4根玉线。

10

左右轮结的一端各留两根玉线，以中间4根为轴线，开始编双向平结。

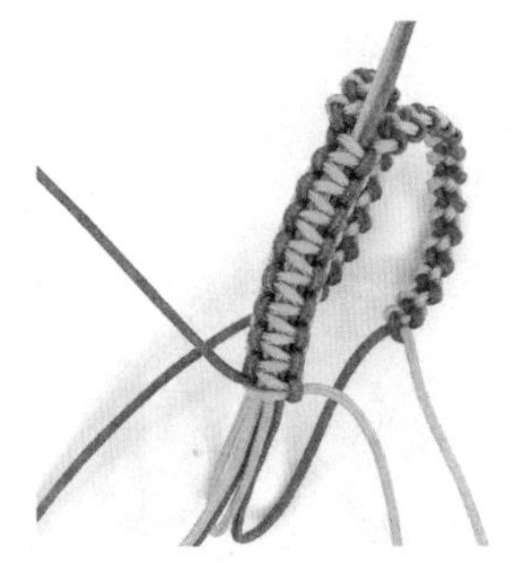

11

编结松紧适度。

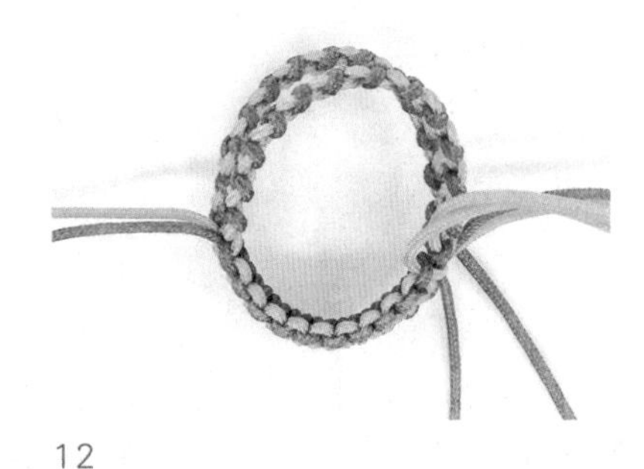

12

编够半圈戒指的长度，到另一端的左右轮结处（也可编到戒指中间，再从另一端重复步骤10，结点在戒指圈的中间）。

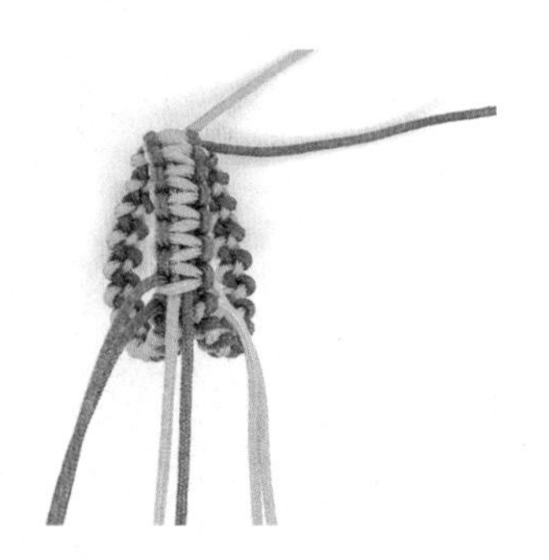

13

此时另一端为6根玉线。

14

剪掉多余的线头，烧线固定。

15

完成。

原色戒指

蓝色低调，橙色张扬，二者结合别有趣味。撞色以暗色为底，亮色为点缀，主石可任意搭配。

▶ 所用材料

72号蓝色玉线：长30cm 两根
72号蓝色玉线：长60cm 1根
72号蓝色玉线：长40cm 两根
72号橘色玉线：长40cm 6根
玛瑙戒面：直径1cm×1.5cm 1个
小米珠：16颗

▶ 所用工具

尺子、剪刀、钩针、打火机

▶ 所用编法

单向雀头结（P010）
斜卷结（P010）
蛇结（P011）
双向平结（P011）

编织步骤

1
取两根30cm蓝色玉线并排作为轴线，另取1根60cm蓝色玉线作为绕线，编1个单向雀头结。

2
接着左右对向编单向雀头结，根据戒面大小编至所需长度。

3
放入玛瑙戒面包好，两端轴线对向编蛇结收紧包边。

4
取4根40cm橘色玉线和两根40cm蓝色玉线，依次用钩针加入包边。

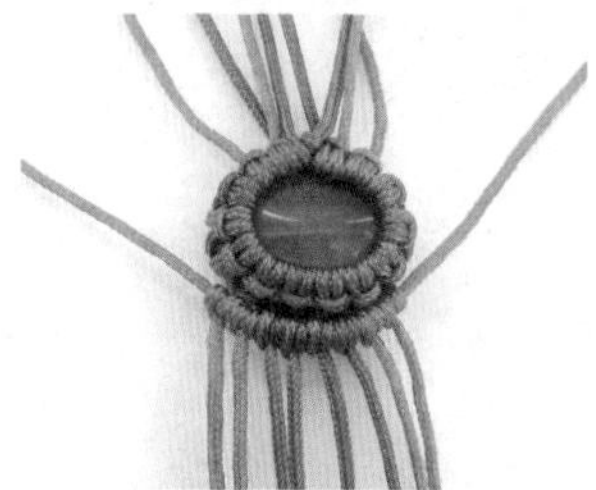

5
另取1根橘色玉线为轴，编一排斜卷结。

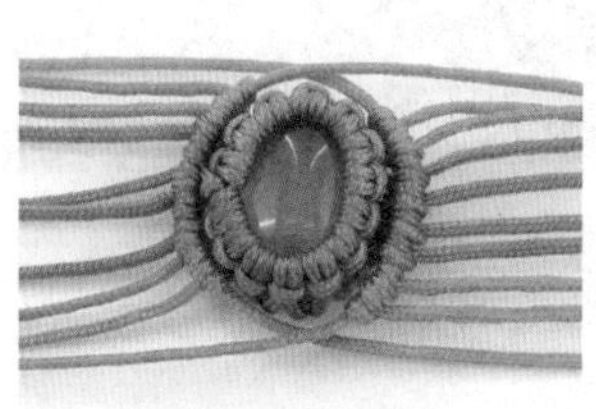

6
另一边同样加1根橘色轴线，编斜卷结。

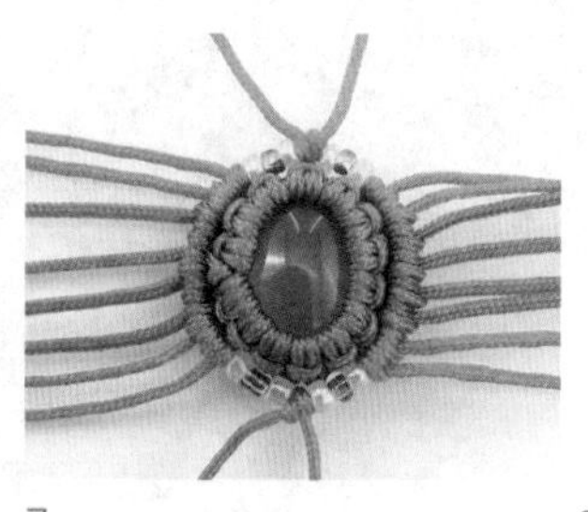

7
将外侧的两根橘色玉线加小米珠相互编斜卷结。

8
剪掉米珠两边的线头，烧线固定，下一排继续编斜卷结。

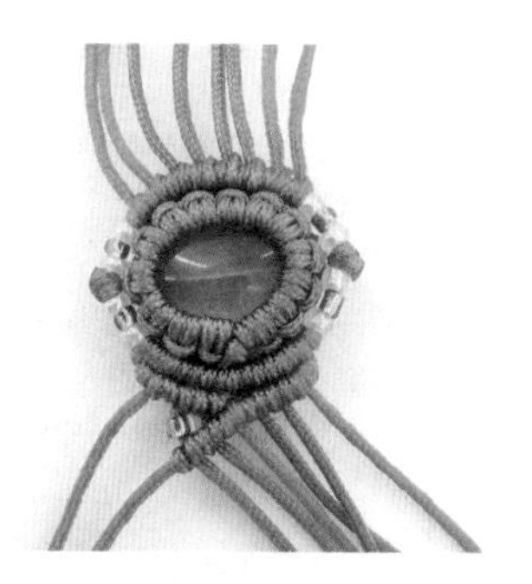

9

两根橘色玉线继续作为轴线往下编斜卷结，左边外侧蓝色玉线加1颗小米珠再编斜卷结。

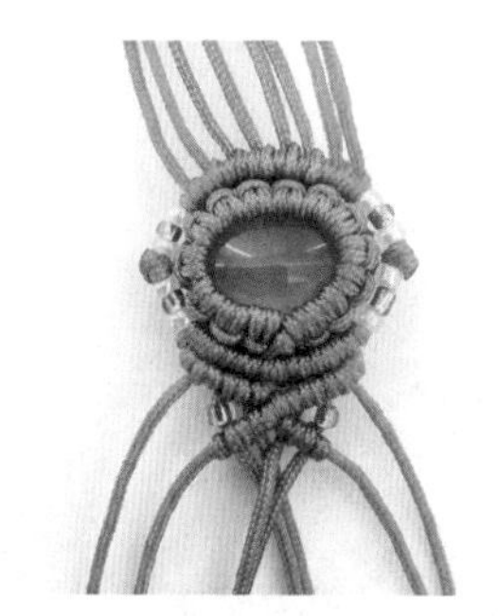

10

右边同样对称编斜卷结。

11

中间4根蓝色玉线编1个双向平结。

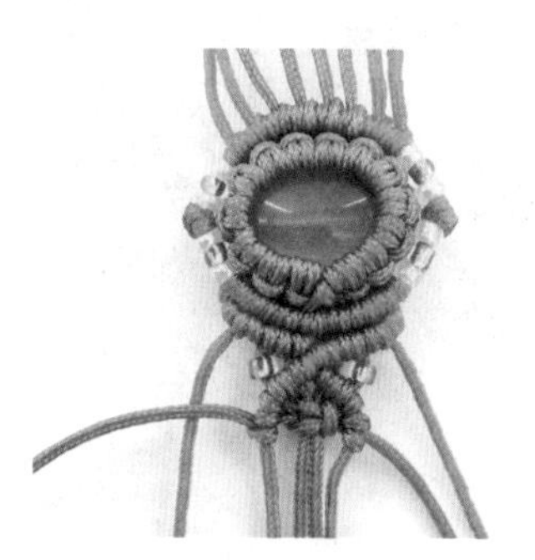

12

橘色玉线为轴线，蓝色玉线为绕线继续编斜卷结。

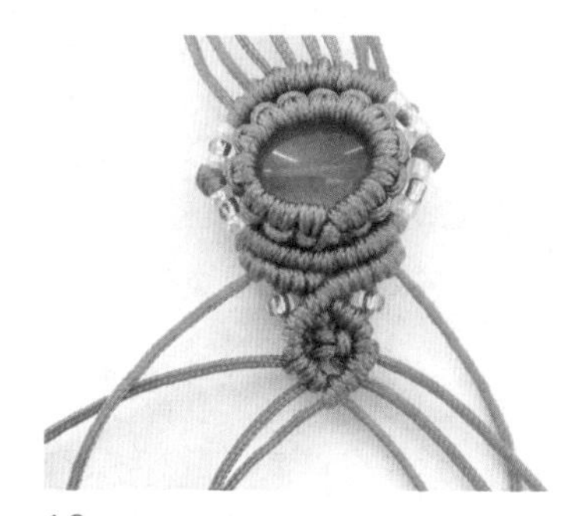

13

蓝色玉线编完，橘色轴线再编1个斜卷结。

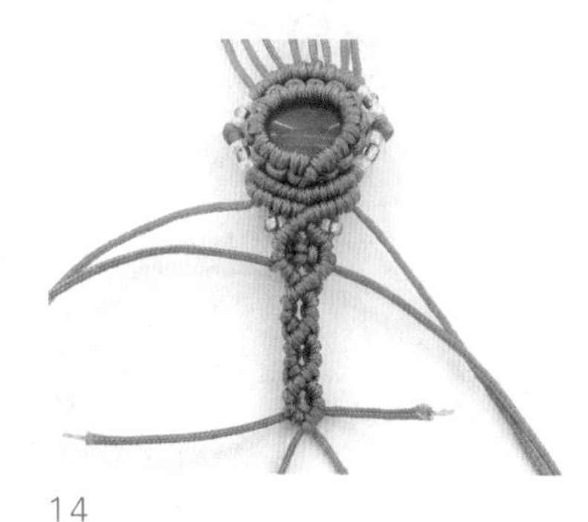

14

保留上方的两根蓝色玉线不动，其余的线继续编斜卷结，编至最后如图所示成3个马眼形。

15

另一边对称编好，除中间橘色轴线外，剪掉多余的线头，烧线固定。

16

在戒指底部收线，橘色玉线对向穿插，编斜卷结。

17

烧线固定，完成。

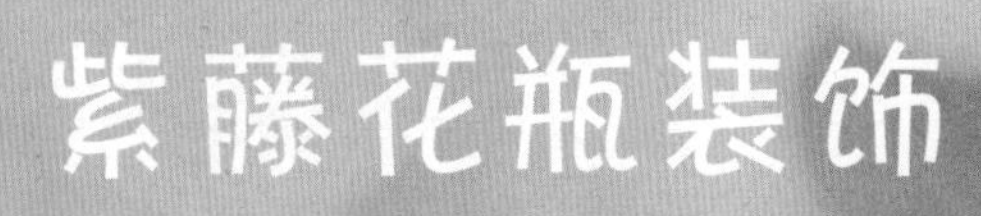

紫藤花瓶装饰

纯手工编织的纹样，颜色以浅紫为主，点缀些许素色，垂挂的流苏盖着玻璃瓶，宛如一树盛开的花。

▶ **所用材料**

紫色棉线：长45cm，直径0.3cm 1根
紫色棉线：长35cm，直径0.3cm 12根
黄色棉线：长35cm，直径0.3cm 5根

▶ **所用工具**

尺子、剪刀

▶ **所用编法**

双向雀头结（P010）
斜卷结（P010）
双向平结（P011）

编织步骤

1

取1根45cm紫色线作为轴线，另取1根35cm紫色线对折挂线，编1个双向雀头结。

2

再取其他11根35cm紫色线和5根黄色线，按图示顺序编双向雀头结，挂在轴线上。

3

接着从右边开始，选取两根紫色线和中间黄色线编双向平结。

4

共编5组双向平结。

5

取左边外侧的紫色线为轴线，编斜卷结。

6

依次编下去，编完1根黄色线时停止编织。

7
右边同样编斜卷结，将两根轴线编1个斜卷结。

8
第2组按上述步骤继续编斜卷结。

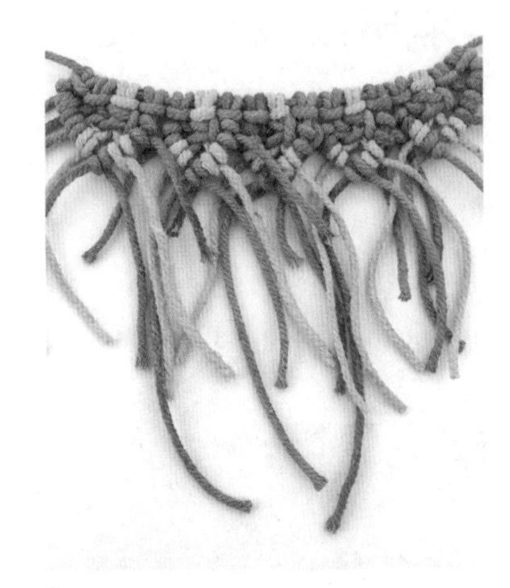
9
继续编3组斜卷结。

10
将所有线头拆散，作为流苏。

11
修剪整齐。

12
将轴线系在玻璃瓶上，完成。

玫瑰之约花瓶装饰

咖色偏红，与风干玫瑰无二，本色搭配，别有一番旧时光的味道。素与简结合起来，也是一种美。

▶ **所用材料**

咖色棉线：长100cm，直径0.3cm 1根
咖色棉线：长50cm，直径0.3cm 6根
白色棉线：长80cm，直径0.3cm 1根
白色棉线：长50cm，直径0.3cm 24根

▶ **所用工具**

尺子、剪刀、夹子

▶ **所用编法**

双向雀头结（P010）
斜卷结（P010）
双向平结（P011）

编织步骤

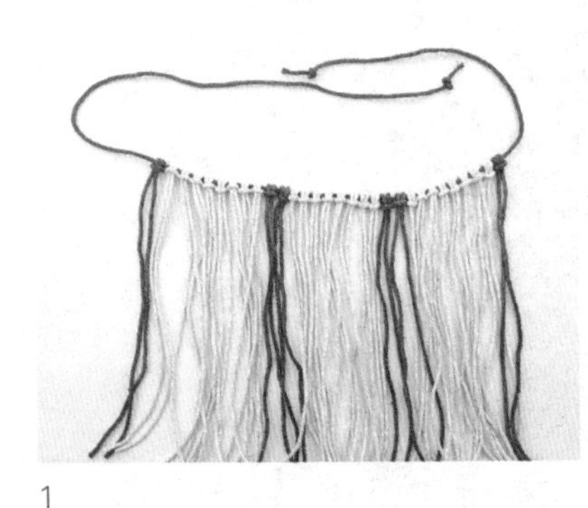

1

取1根100cm的咖色线两头打结，将6根50cm咖色线和24根50cm白色线中间对折，依照图示的颜色顺序，编双向雀头结挂在轴线上。

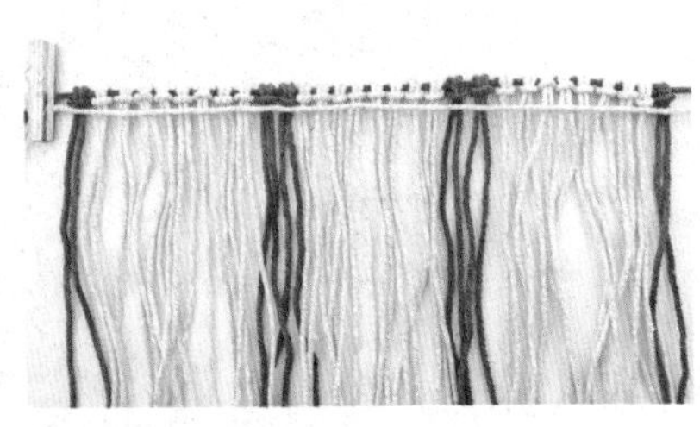

2

另取1根80cm白色线，平放在第一排双向雀头结下方，用夹子夹住。

3

以白色线为轴线，短线为绕线，从左至右依次编斜卷结。

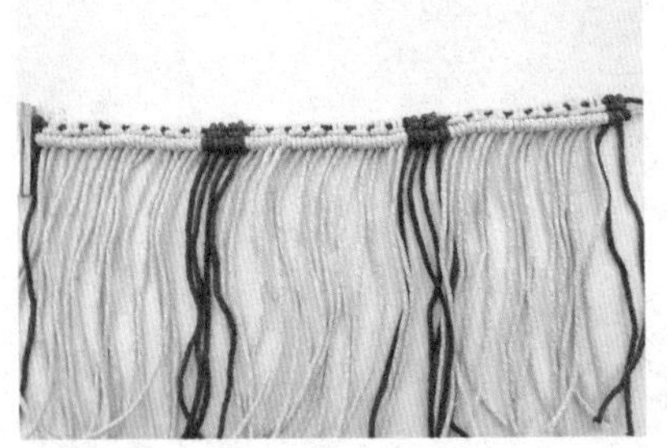

4

编完一排斜卷结。

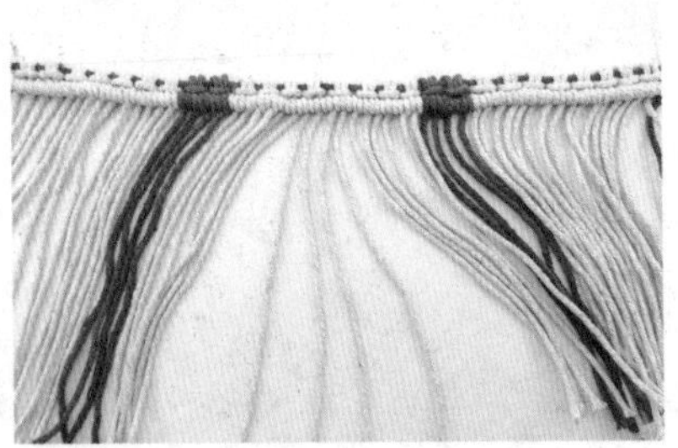

5

将短线对半分为两个部分，从中间选取4根。

6

开始编双向平结。

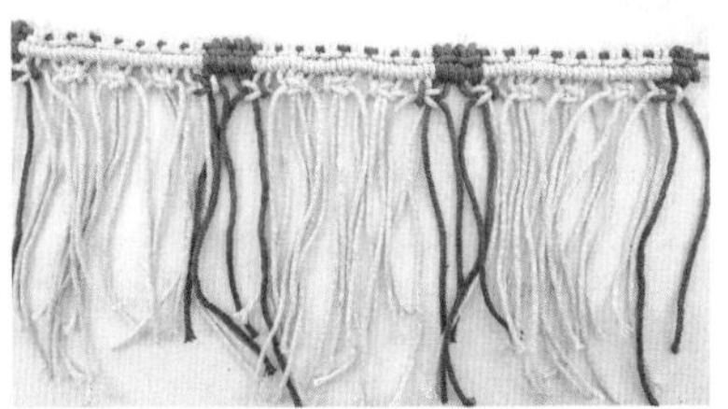

7

将一排编完。

8

继续从左边开始，两根咖色线不编织，从白色线开始编双向平结。

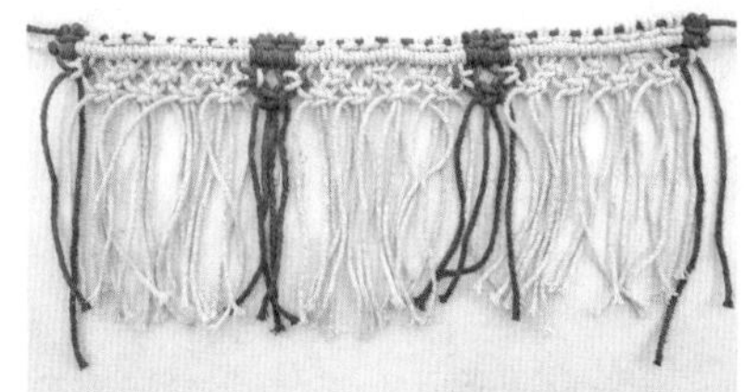

9

编完一排，右边留下两根咖色短棉线。

10

左边开始编第3排双向平结，咖色线和白色线一起编。

11

编完一排平结。

12

选取中间24根短线，依图示位置编双向平结。

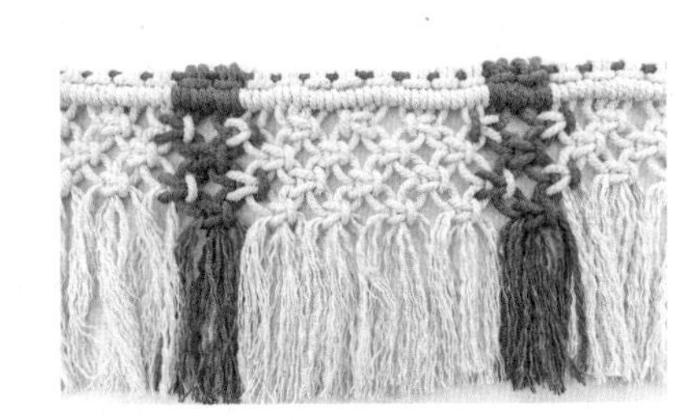

13

将所有线头拆散成流苏状，整理平顺，修剪整齐。

14

再将咖色线和白色线两根轴线的两端分别打结，做成流苏。

15

将轴线系在花瓶上，完成。

心相印抱枕装饰

本色的棉抱枕，适合搭配暖灰色调，用橘色做编结，设计成抱枕的腰封，造型感十足。

▶ 所用材料

橘色棉线：长220cm，直径0.5cm 6根
绿色棉线：长30cm，直径0.5cm 两根

▶ 所用工具

尺子、剪刀、热熔胶

▶ 所用编法

双向雀头结（P010）
斜卷结（P010）
双向平结（P011）

编织步骤

1
取1根30cm绿色线作为轴线，另取1根220cm橘色线，编双向雀头结，挂在轴线上。

2
将6根橘色线平均分布，挂在绿色线上。

3
橘色线从中间对半分，左边编1个斜卷结。

4
右边对称编好另1个斜卷结。

5
左边轴线不变，中间编1个斜卷结连接。

6
左起外侧线为轴线，编斜卷结。

7

将3根线编完，形成一斜排。

8

继续右边，中间以右线为轴线，再编斜卷结连接。

9

同步骤7，外线为轴线，其他5根线为绕线，编斜卷结。

10

完成一斜排。

11

右边同样编斜卷结，中间以右线为轴线，编斜卷结连接。

12

中间编1个双向平结。

13

左右分别编1个双向平结。

14

下一排再编两个双向平结，注意上下编结之间保留适当的距离。

15

继续编3个双向平结，形成错落有致的效果。

16

中间取线，开始编斜卷结。

17

编完左边6根线。

18

右边对称编斜卷结，注意左右两边大小对称。

19

中心位置编1个双向平结。

20

左右两边向下合拢编斜卷结，形成菱形。

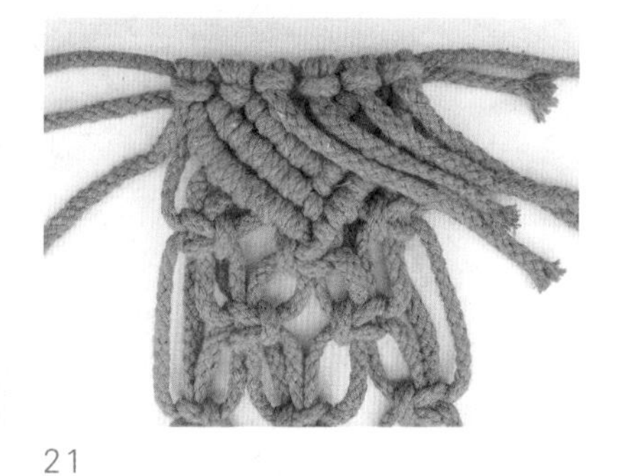

21

参考步骤3～15，按此顺序完成另一边的编结，形成对称效果。

22

将所有线头塞到背面，用热熔胶黏住，修剪平整。

23

将两头的绿色线打结系在抱枕上，完成。

梦之羽翼抱枕装饰

用深绿色来压制紫色的艳丽，再用浅绿色稍作提亮，让飞翔的翅膀点缀生活。

▶ 所用材料

紫色棉线：长100cm，直径0.4cm 4根
紫色棉线：长50cm，直径0.4cm 两根
白色棉线：长50cm，直径0.6cm 1根
深绿色棉线：长80cm，直径0.4cm 4根
浅绿色棉线：长50cm，直径0.4cm 4根

▶ 所用工具

尺子、剪刀

▶ 所用编法

双向雀头结（P010）
斜卷结（P010）
双向平结（P011）

编织步骤

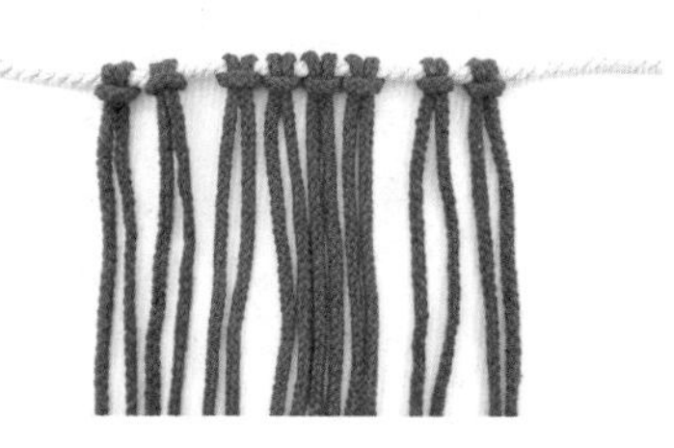

1
取4根80cm深绿色线和4根100cm紫色线，对折编双向雀头结，挂在白色线上。

2
紫色线交错编两个双向平结。

3
继续在紫色线上交错编两个双向平结。

4
两边绿色线各编1个双向平结。

5
从左边绿色线开始，向内编斜卷结。

6
右边绿色线和中间紫色线同样向内编斜卷结。

7

紫色线与相邻绿色线编双向平结，中间紫色线再编1个双向平结。

8

左右两侧分别挂上两根浅绿色线。

9

左侧浅绿色线编1个双向平结。

10

浅绿色线与深绿色线一起编双向平结。

11

挂1根紫色线，短线向外。

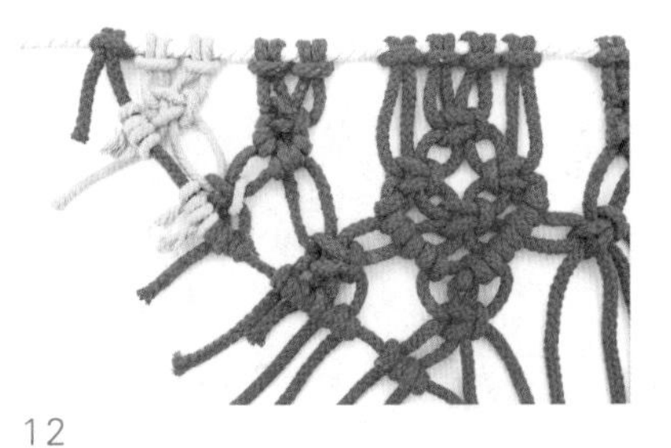

12

紫色线中的长线作为轴线，其余线作为绕线，编斜卷结。

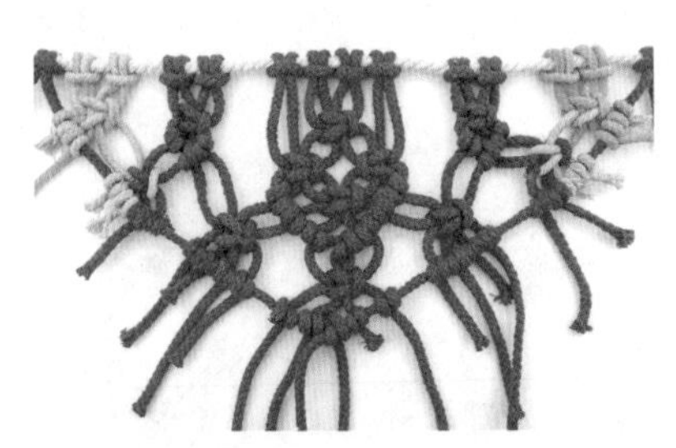

13

右边再挂1根紫色线，同样编斜卷结，两根紫色轴线编1个斜卷结连接。

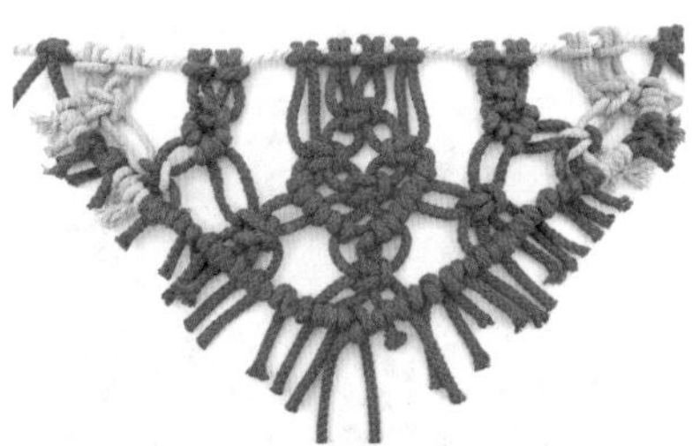

14

根据颜色区域另取一些短线头，编斜卷结将轴线空隙占满，修剪出长短渐变。

15

将线头部分拆散成流苏，中间两根紫色线各编1个单结，拆一小段做流苏，完成。

花在眼前花盆吊篮

吊篮的结构既要体现出其功能性，又要展示其美观性。金钱结可增加看点，兼具固定作用。

▶ **所用材料**

蓝色棉线：长150cm，直径0.4cm 6根
白色棉线：长50cm，直径0.4m 1根
金属挂环：直径5cm 1个
木圈：直径8cm 1个

▶ **所用工具**

尺子、剪刀

▶ **所用编法**

双向雀头结（P010）
蛇结（P011）
金钱结（P013）
绕线（P015）
玉米结（P015）

编织步骤

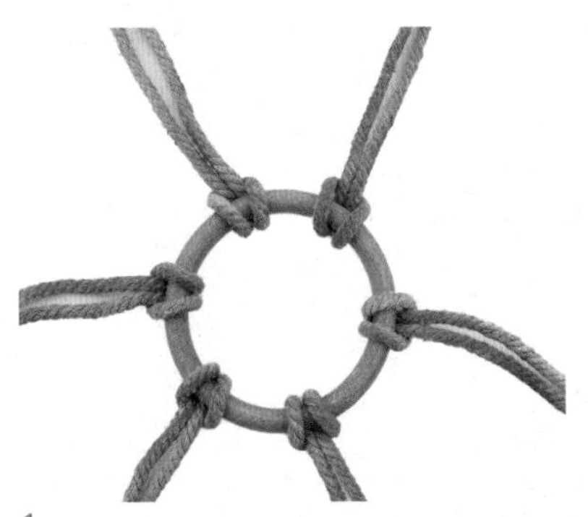

1
取6根长150cm的蓝色线全部对折，反向编双向雀头结，挂在木圈上。

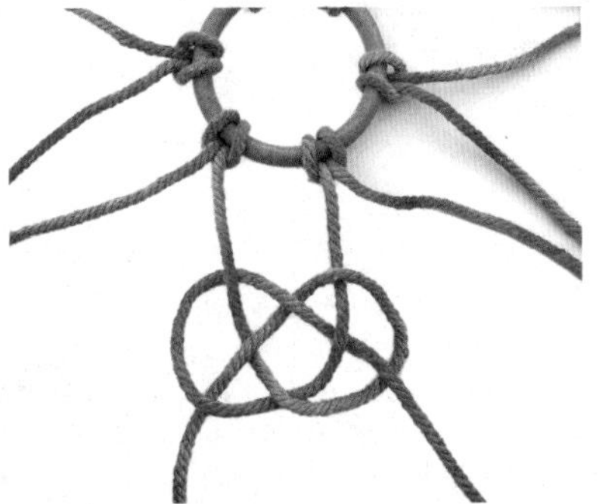

2
任选相邻2组线中接近的两根，一起编金钱结。

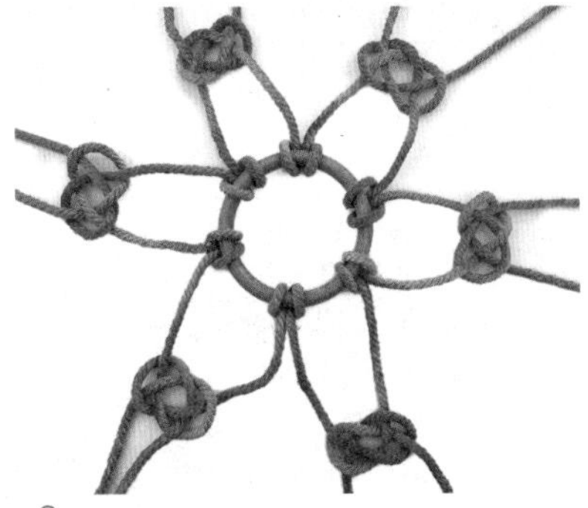

3
依次编好6个金钱结。

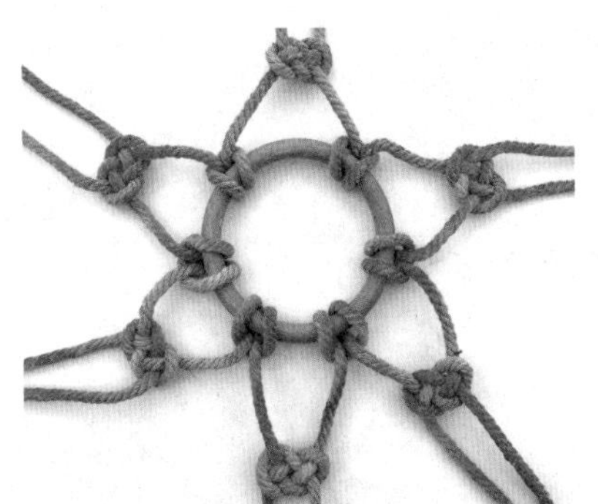

4
收紧，间距要分布均匀。

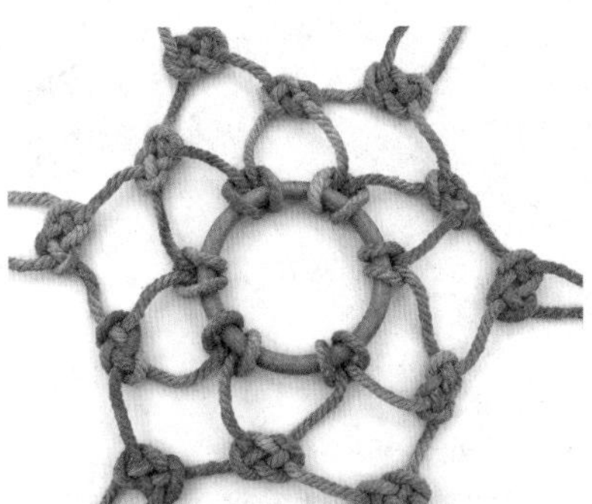

5
再编一圈金钱结，收紧，注意与上一圈编结的位置错开。

6
将相邻两根线编1个蛇结，收紧。

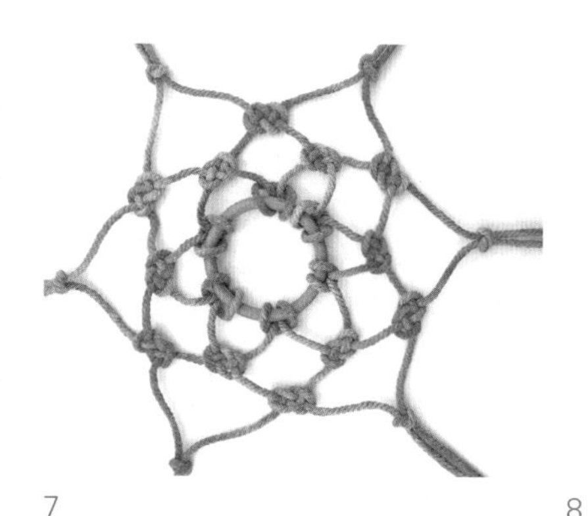

7

其他5组线也分别编蛇结，收紧。

8

将花盆放进去调试位置。

9

用白色线将蓝色线缠绕，并捆扎成一束。

10

将12根蓝色线两两一组分成6组，编1个玉米结。

11

调整，收紧。

12

选相对应的两组线对向穿过金属挂环。

13

编1～2个蛇结，其余4组线编一圈玉米结并收紧。

14

将线头修剪整齐，拆散线头成流苏状，完成。

薰衣草物语挂篮

浪漫的淡紫色，唯美温馨；充满透气感的编结和垂顺的流苏使作品灵动自然。

▶ 所用材料

浅紫色棉线：长250cm，直径0.4cm 16根
深紫色棉线：长100cm，直径0.5cm 1根
深紫色棉线：长80cm，直径0.5cm 1根
木棍：长50cm 1根

▶ 所用工具

尺子、剪刀

▶ 所用编法

双向雀头结（P010）
斜卷结（P010）
双向平结（P011）
绕线（P015）

编织步骤

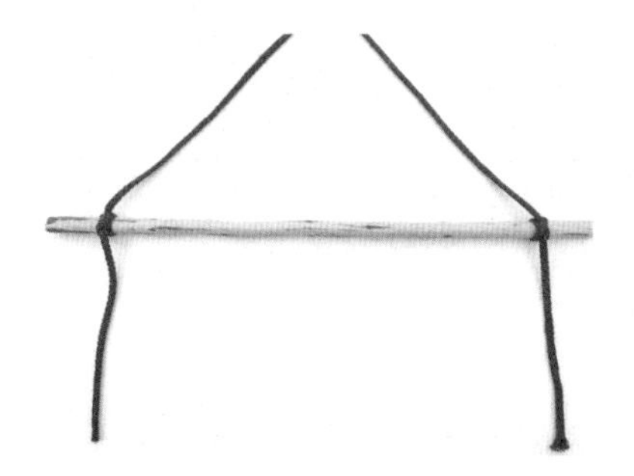

1

取1根长100cm的深紫色线，两端编斜卷结，固定在木棍上；两端尾线各留约20cm长，垂下。

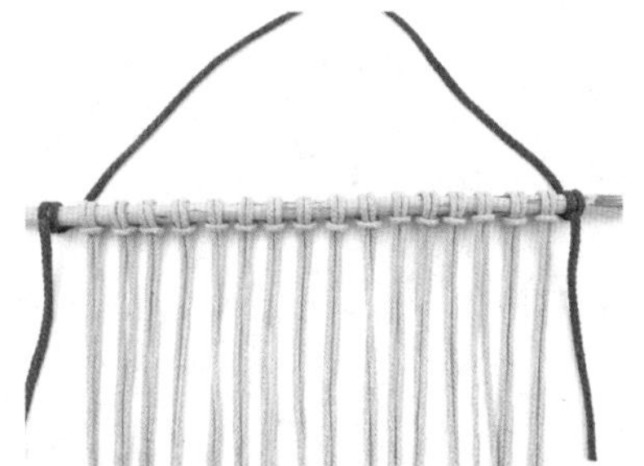

2

将16根250cm长的浅紫色线对折，编双向雀头结，挂在木棍上。

3

从左边开始编斜卷结。

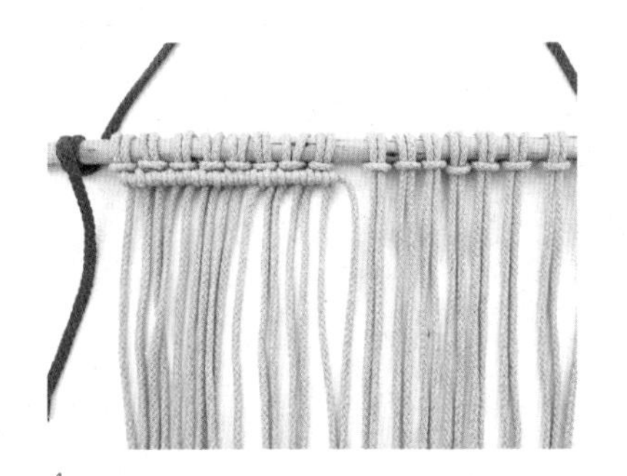

4

将左边的16根线编完一排斜卷结，轴线处于中心位置。

5

从右边继续编斜卷结。

6

编完一排，与左边的编结对称。

7

将两根轴线编1个斜卷结连接起来。

8

下一排全部编双向平结。

9

取中间两根线，以右线为轴，编1个斜卷结。

10

继续从中心向左边编一排斜卷结。

11

以中间的绕线作为轴线，从中心向右边再编一排斜卷结。

12

将线分成3部分，中间16根再分成两部分，向内编斜卷结。

13

共编3层斜卷结。

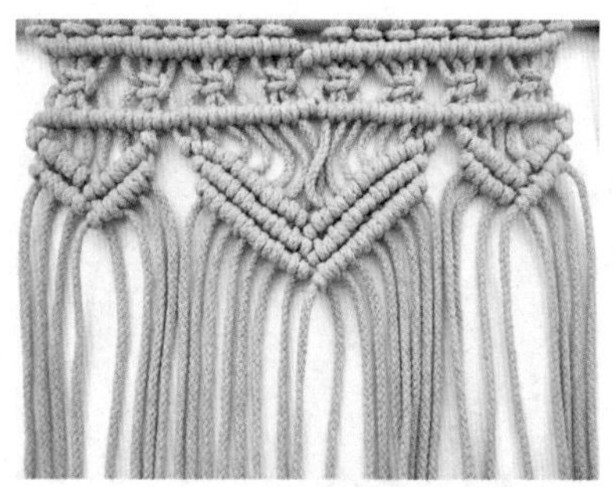

14

两侧的8根线同样编两层斜卷结。

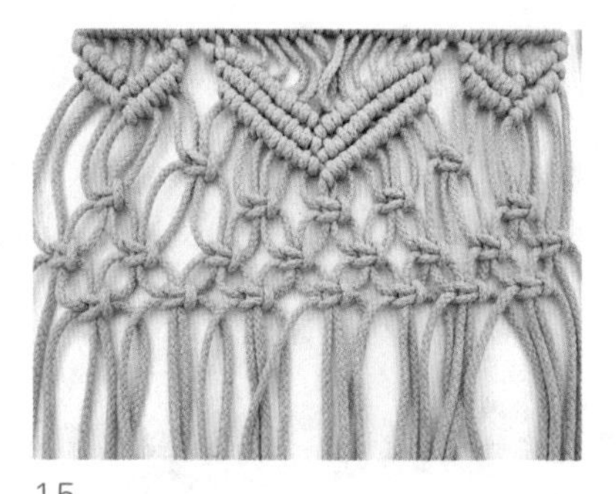

15

接着向下依次错开编4排双向平结。

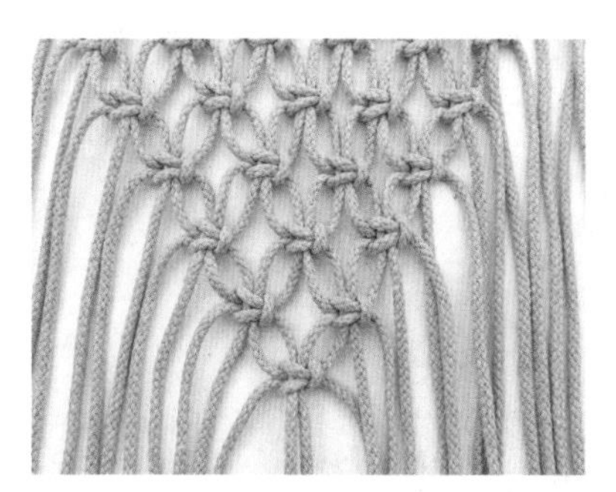

16

从第5排开始逐层递减，形成三角形。

17

从最外侧各拉两根线到中间，合编1个双向平结。

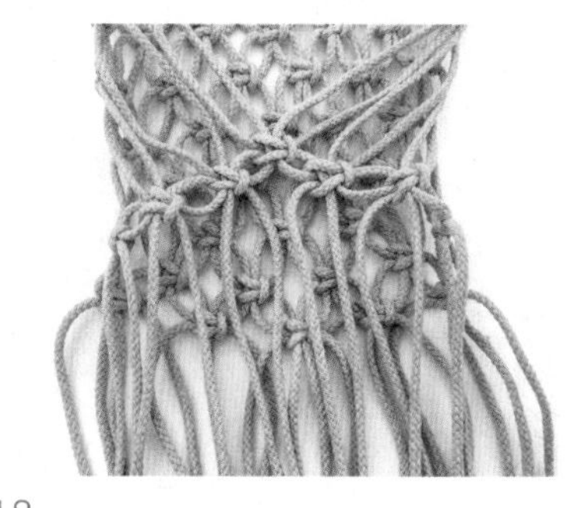

18

依次把两边的线拉到前面，编双向平结连接起来。

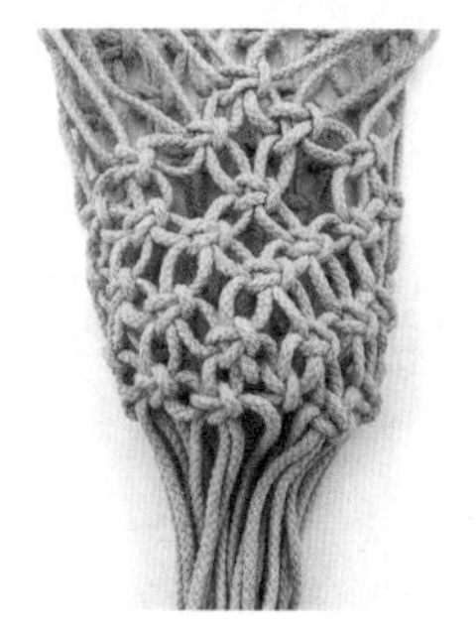

19

继续转圈编双向平结，形成桶状。

20

取1根80cm长的深紫色线，绕线，扎起剩余的尾线，缠紧。

21

剪去线头，将流苏修剪整齐。

22

将挂在木棍两端的深紫色垂线各打1个结，拆散成流苏状，完成。

春华秋实挂毯

大面积的绿色垂坠，引出春日的气息；背景点缀金黄色，又是丰收的祈愿；白色充当过渡，调和两季风光。

所用材料

黄色棉线：长150cm，直径0.3cm 6根
咖色棉线：长150cm，直径0.3cm 8根
白色棉线：长200cm，直径0.3cm 两根
白色棉线：长80cm，直径0.3cm 10根
绿色棉线：长220cm，直径0.4cm 两根
绿色棉线：长100cm，直径0.4cm 18根
木棍：长50cm，直径1.2cm 1根

所用工具

尺子、剪刀

所用编法

双向雀头结（P010）
斜卷结（P010）
双向平结（P011）
左右轮结（P014）

编织步骤

1

取6根150cm长的黄色线和8根150cm长的咖色线，按图示的颜色顺序，编双向雀头结，挂在木棍上。

2

选取中间的4根黄色线，开始编斜卷结。

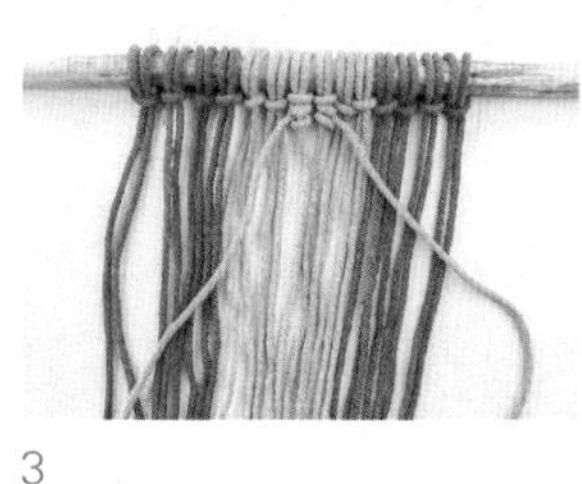

3

左右两边各编1个斜卷结。

4

以右边的线为轴线、左边的线为绕线，编1个斜卷结连接起来。

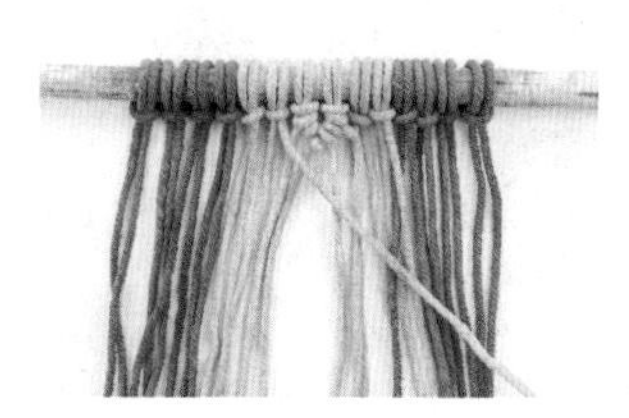

5

相邻的左边黄色线继续编斜卷结。

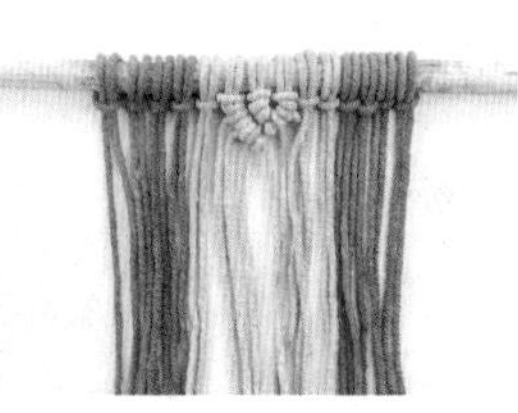

6

左边的斜卷结编织完成。

7

同样以斜卷结编完右边的一排。

8

右边继续编另一排斜卷结。

9

左边重复编斜卷结，将黄色线全部编完，形成1个心形尖角。

10

参考上述步骤，编完左边的4根咖色线。

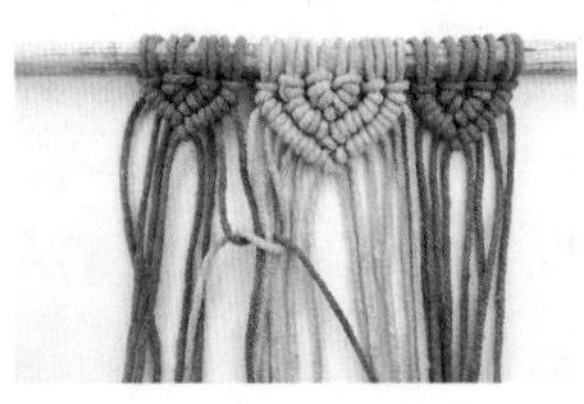

11

右边的4根咖色线继续重复编斜卷结。编完后，在咖色线和黄色线的中间各取两根线，编双向平结。

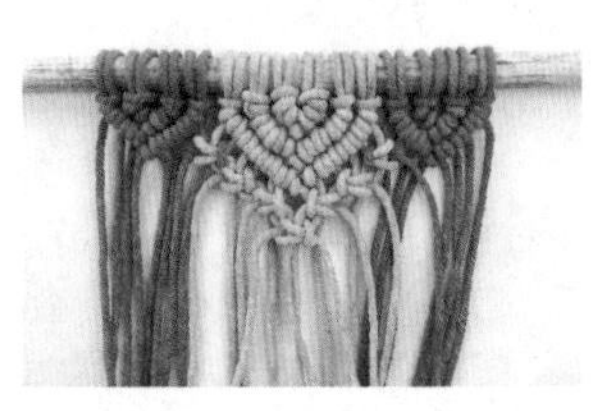

12

将中间的黄色线全部编双向平结。

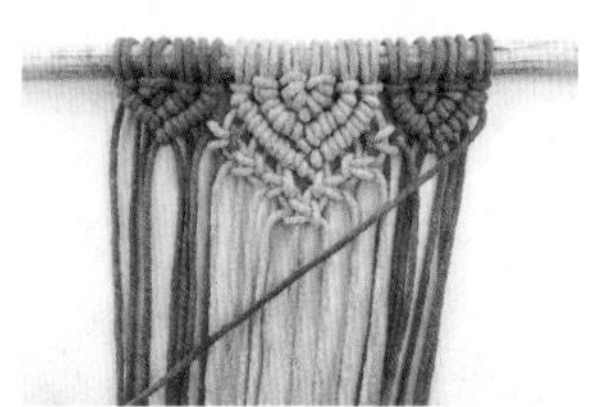

13

取右边最外侧1根咖色线为轴线，向中间开始编斜卷结。

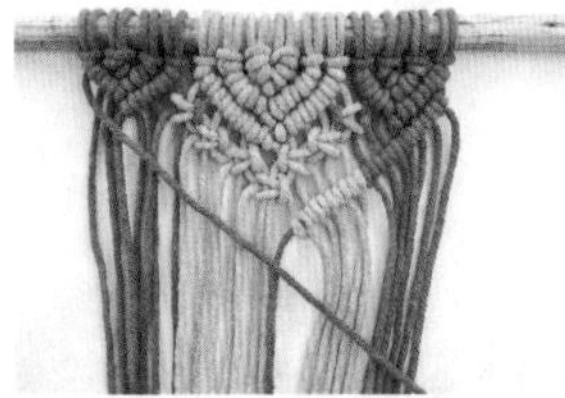

14

继续编左边的，松紧度尽量与右边的轴线保持一致。

15

两边编完后，将两根咖色轴线编1个斜卷结连接起来。

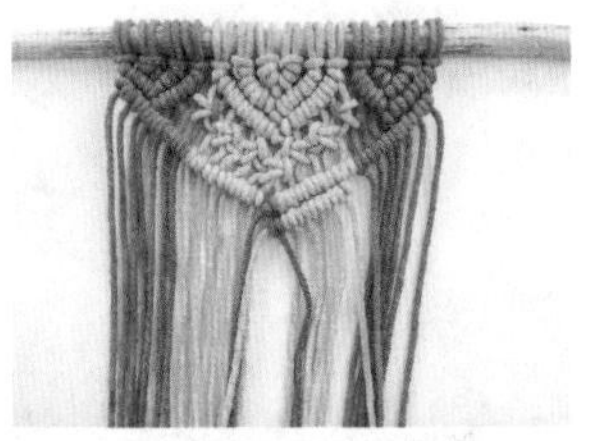

16

取右边黄色线外侧的1根线为轴线，从右往左，将黄色线全部编成斜卷结。

17

将左边的黄色线同样对称编完，把中间的轴线以斜卷结连接。

18

取两根200cm长的白色线，编双向雀头结，再回线固定在木棍上。接着向下编左右轮结。

19

将两边汇聚到一起，编1个双向平结连接起来。

20

在木棍的右边挂1根220cm长的绿色线，编双向雀头结，再回线固定。

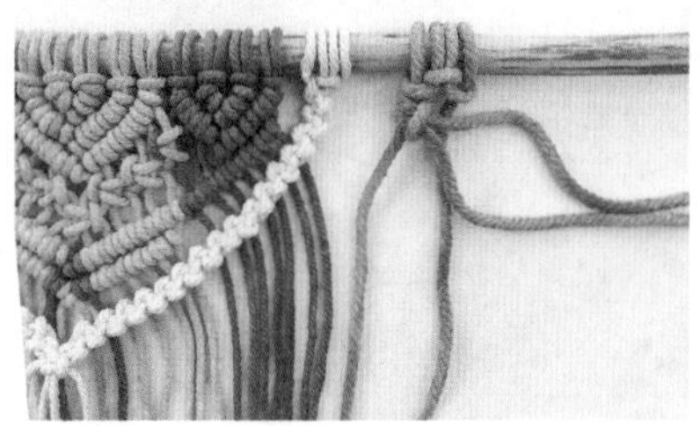

21

取100cm长的绿色线编双向雀头结，挂在靠内侧的长线上。

22

依次挂好5根绿色线。

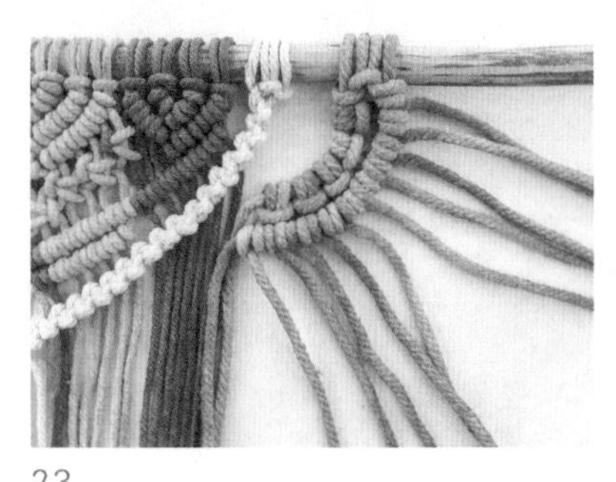

23

选取外侧的1根线作为轴线，以短线为绕线，编一段斜卷结。

24

将两根轴线和相邻的两根咖色线一起编双向平结。

25

接着挂4根100cm长的绿色线，同样编斜卷结，与相邻的黄色线编双向平结连接起来。

26

继续挂5根80cm长的白色线，参照上述步骤，完成两边的造型。

27

将4根绿色轴线汇聚到一起，编1个双向平结。

28

将所有的线拆开，梳理，修剪整齐，完成。

天伦之乐挂毯

轮状寓意圆满，星射线象征突破，蓝色与橙色为互补色，阖家之环，相得益彰。

▶ 所用材料

橙色棉线：长80cm，直径0.3cmm 20根
橙色棉线：长40cm，直径0.3cm 20根
蓝色棉线：长60cm，直径0.3mm 40根
蓝色棉线：长40cm，直径0.3cm 20根
白色棉线：长60cm，直径0.3cm 40根
白色棉线：长60cm，直径0.2cm 4根
白色棉线：长150cm，直径0.3cm 两根
木圈：直径6cm 1个
小竹圈：直径20cm 1个
大竹圈：直径30cm 1个

▶ 所用工具

剪刀、尺子、热熔胶

▶ 所用编法

双向雀头结（P010）
斜卷结（P010）
单向平结（P011）
蛇结（P011）
双向平结（P011）
纽扣结（P012）
绕线（P015）

编织步骤

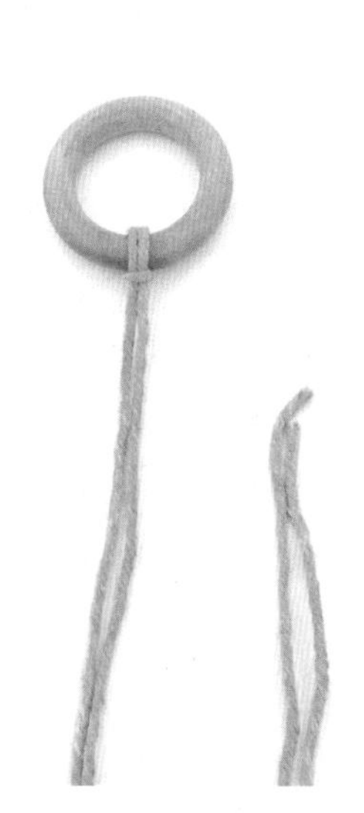

1
取1根80cm长的橙色线，中间对折，编双向雀头结，挂在木圈上。

2
其他19根橙色线全部编双向雀头结，挂在木圈上。

3
选相邻两个双向雀头结的4根线，编单向平结。

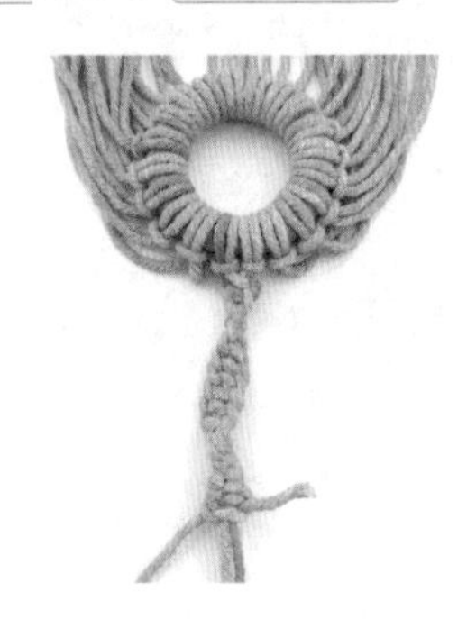

4
大约编18个单向平结。

5
共编10条单向平结。

6
将小竹圈放在编结上，调整10条平结的长度。

7
扭转平结的弧度。单向平结的芯线不动，先用热熔胶粘好编织线，再剪去线头。

8
将芯线夹住小竹圈，编1个蛇结固定；在对应的另一边同样编1个蛇结。

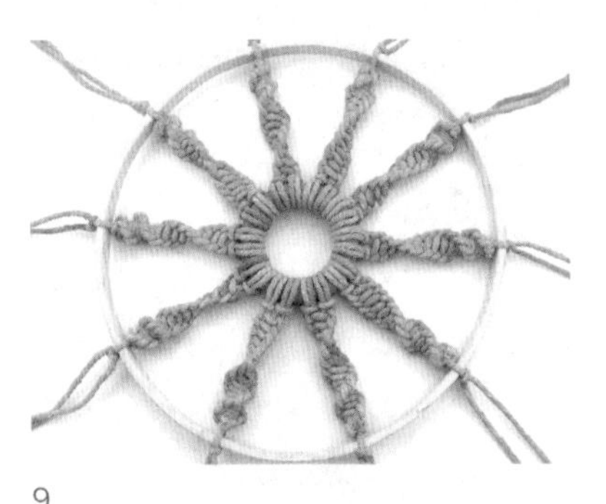

9
将其他芯线均按此法编对应的蛇结。

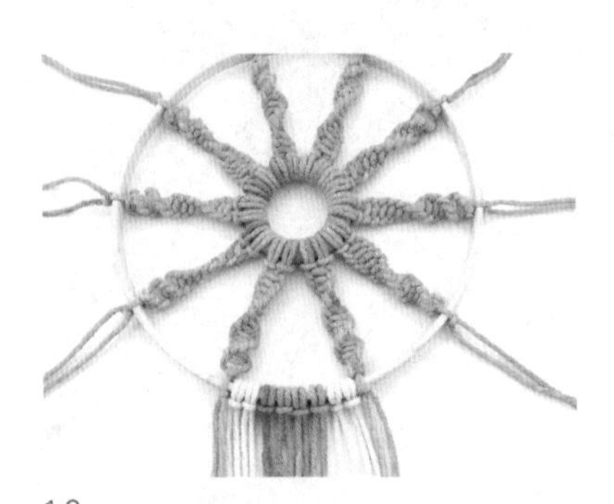

10
在两个单向平结之间挂线，按图示的颜色顺序挂4根60cm长的蓝色线和4根60cm长的白色线。

11
将40根蓝色线和40根白色线全部挂完。

12
另取1根150cm长的白色线为轴线，开始编斜卷结。

13

编至橙色线部分，选取其中1根编斜卷结，另一根不编。

14

编完一圈斜卷结。

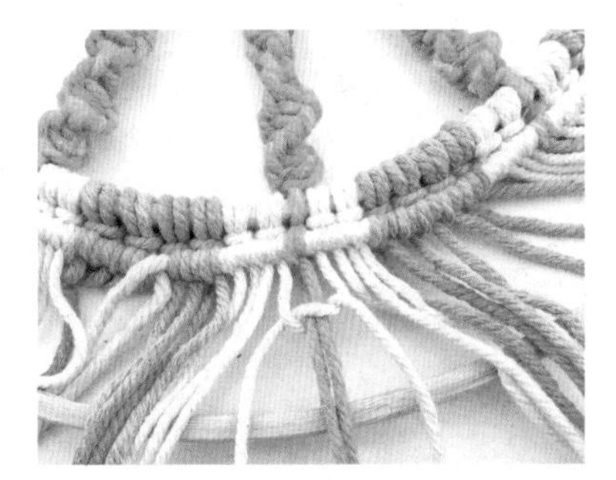

15

将橙色线两边的白色线各选1根，编单向平结。

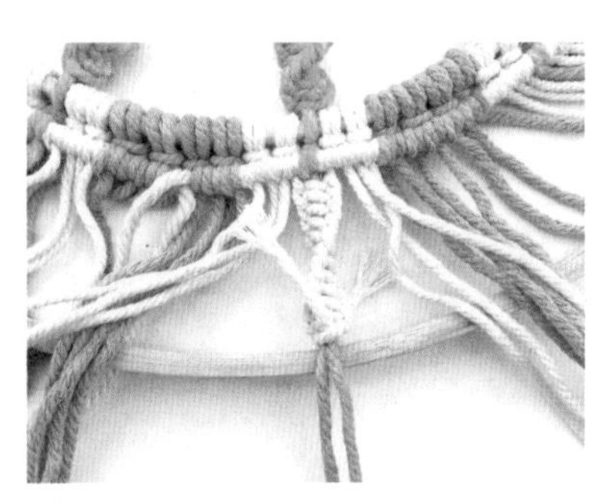

16

取大竹圈量好距离，编至竹圈边缘时停止。

17

共编10条单向平结。

18

将8根蓝色线编多股辫，相互交织压挑线。

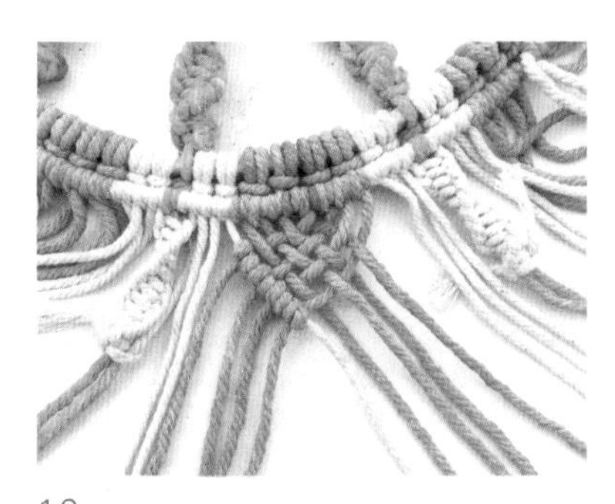

19

取左边相邻的白色线为轴线，以右边4根蓝色线为绕线，编一排斜卷结。

20

右边同样对称编一排斜卷结。

21

左右共编3排斜卷结。

22

其他9组均按此全部编完。注意小竹圈上斜卷结的轴线不编。

23

将白色单向平结的尾线用热熔胶粘牢，剪掉多余的线头。

24

将挂线编蛇结固定在大竹圈上。

25

其他挂线均按此法固定。

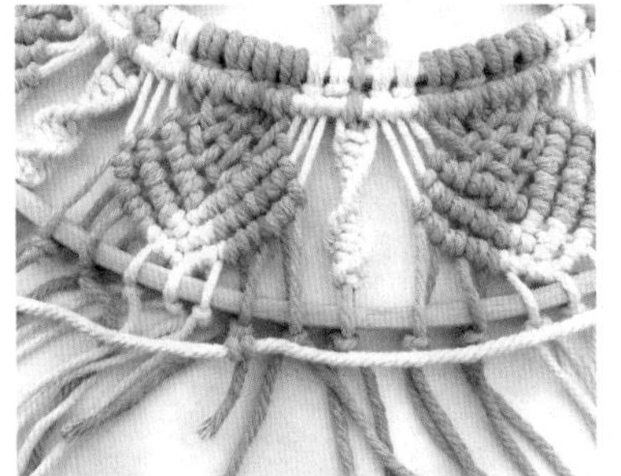

26

再取1根150cm长的白色线编斜卷结。注意此轴线的尾线和小竹圈上轴线的尾线位置要保持在同一侧。

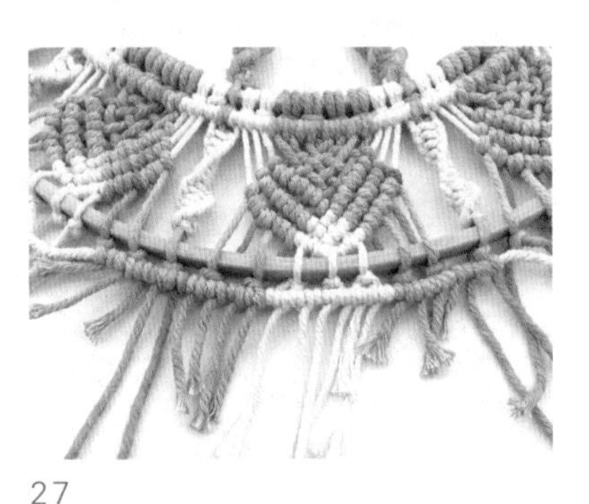

27

绕外圈编斜卷结。

28

将一圈编完。

29

将大竹圈周围的线头拆散，修剪整齐。

30

选取大、小竹圈上的轴线（4根线）合编1个双向平结。

31
取其中1根白色线编纽扣结。

32
调整、收紧。

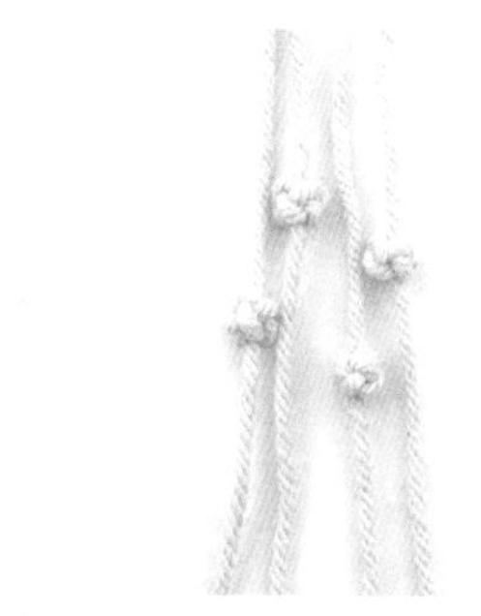

33
4根线全部编纽扣结。

34
接着制作流苏。取10根40cm长的蓝色线，将1根白色线包在中间。

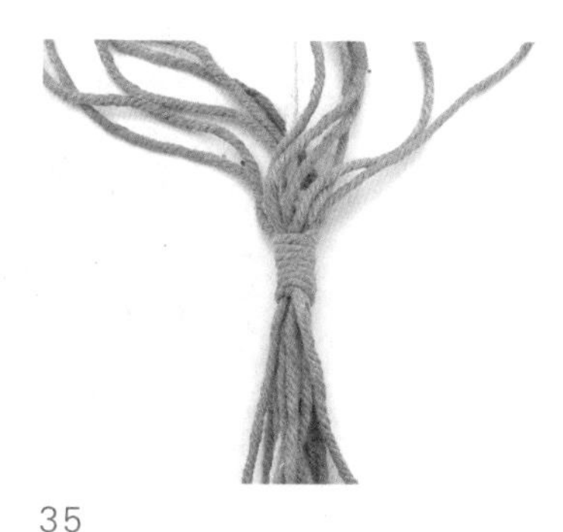

35
另取1根80cm长的蓝色线绕线，缠紧全部的线。

36
将白色线靠着绕线的尾部编1个单结，用热熔胶粘牢。

37
接着取1根直径0.2cm的白色线将所有的蓝色线绕线，并把蓝色线拆散修剪，流苏完成。

38
参照上述步骤再完成1个蓝色流苏和两个橙色流苏。

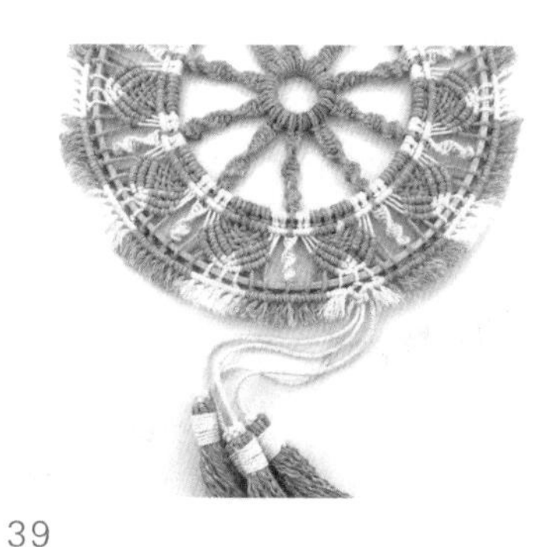

39
作品完成。

凤凰蕨书签

斜卷结灵活百变，尤其适合仿生造型。橄榄绿的蕨菜叶由大到小渐变，规律自然，这样的书签同时也赋予了书页以草木香气。

▶ 所用材料

72号绿色玉线：长30cm 6根
72号绿色玉线：长25cm 4根
72号绿色玉线：长15cm 20根
72号绿色玉线：长10cm 10根

▶ 所用工具

尺子、剪刀、打火机

▶ 所用编法

斜卷结（P010）

编织步骤

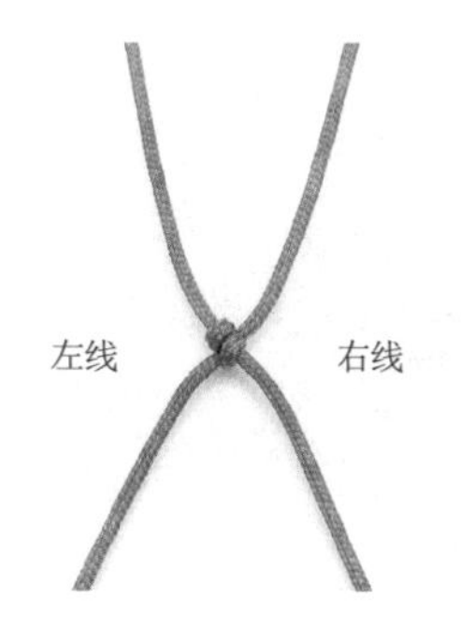

1

取两根30cm长的绿色玉线，以左线为轴、右线为绕线，编1个斜卷结。

2

将斜卷结下方的两根玉线作为轴线，左右各加1根10cm长的绿色玉线作为绕线，编斜卷结。

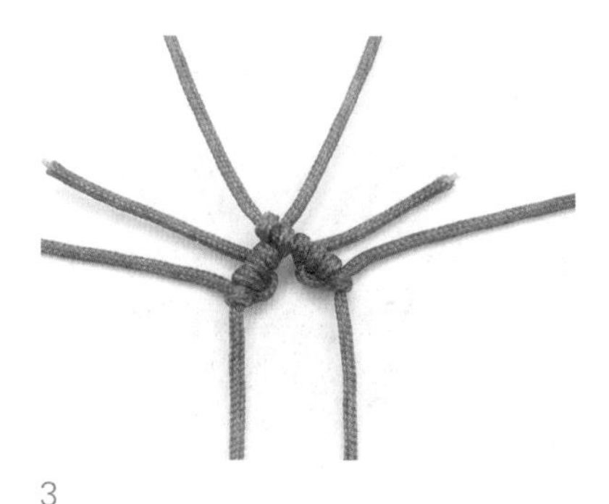

3

轴线不变，左右两边继续向下各编1个斜卷结。

4

将右边轴线作为绕线，编1个斜卷结连接起来，完成顶端的小叶片。

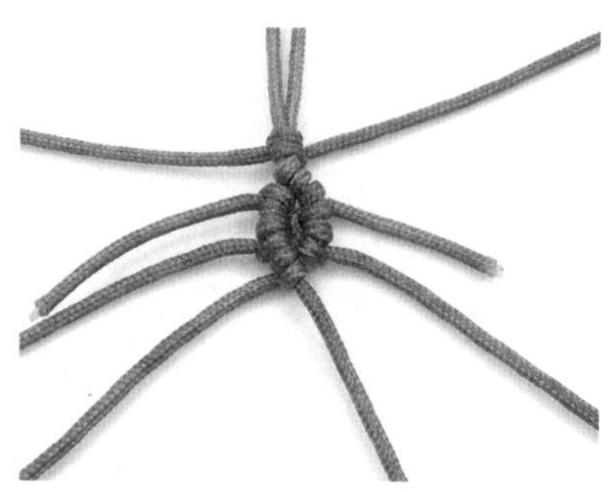

5

取1根30cm长的绿色玉线，在小叶片上方编1个斜卷结。

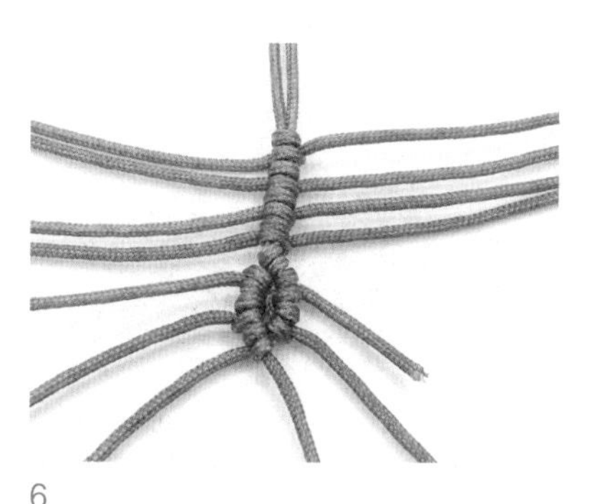

6

继续向上加3根绿色玉线，编斜卷结。

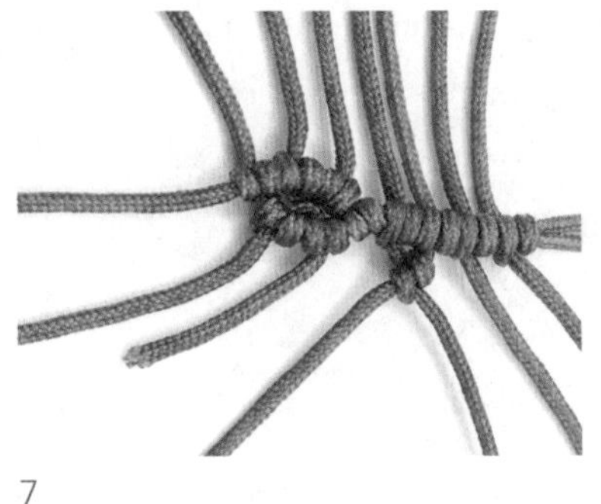

7

选取叶茎内侧的两根玉线，编1个斜卷结。

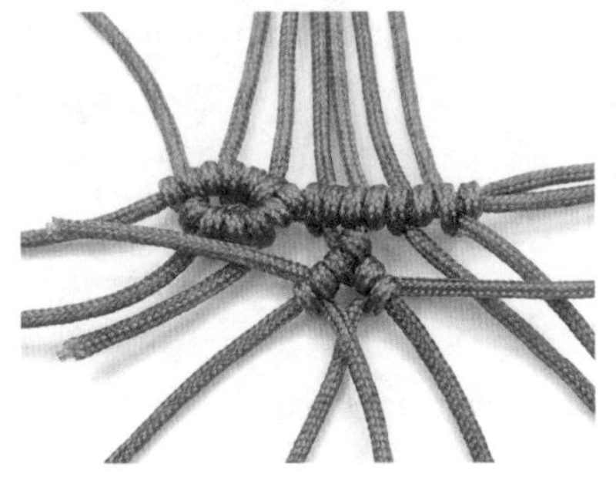

8

参考步骤2，左右各加1根10cm长的绿色玉线，编斜卷结。

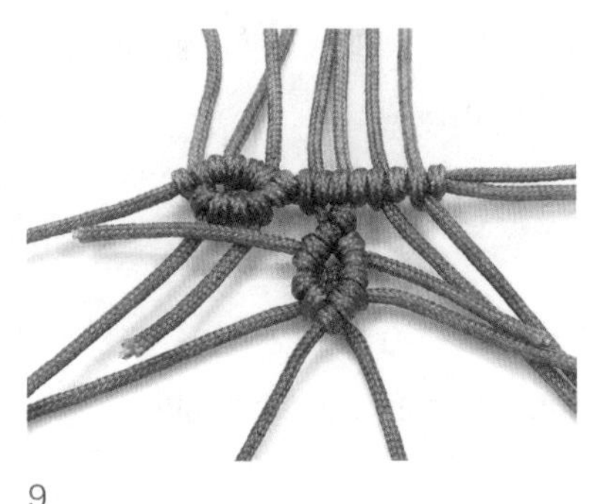

9

参考步骤3～4，完成另一个小叶片。

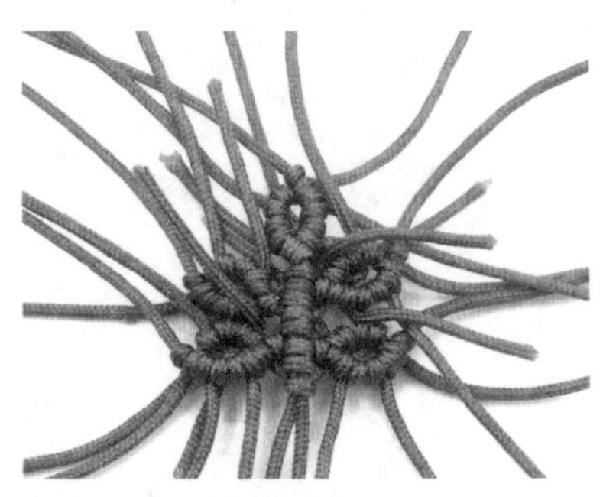

10

其他3个小叶片也按此完成。

11

剪掉4个叶片的多余线头，烧线固定。取4根25cm长的绿色玉线，编斜卷结加在叶茎上。

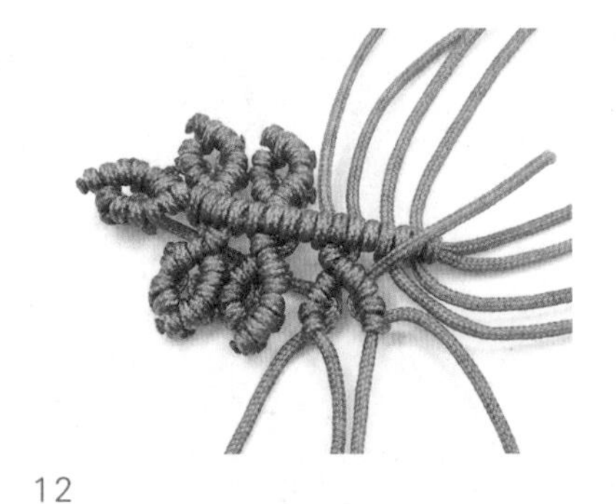

12

选取叶茎内侧的两根玉线，编斜卷结；左右再各加1根15cm长的绿色玉线作为绕线，同样编斜卷结。

13

左右继续各编1个斜卷结，比步骤3的小叶片多1个斜卷结。

14

将轴线编斜卷结连接，形成较大的叶片。

15

重复上述步骤，继续向下编1个叶片。

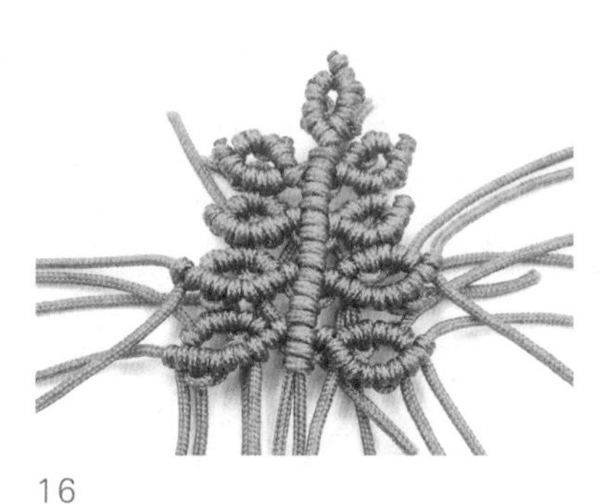

16

接着将右边的两个叶片对称编好。

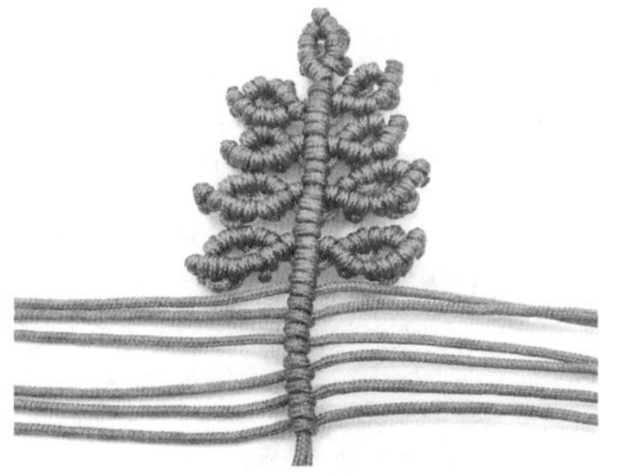

17

取6根30cm长的绿色玉线，继续编斜卷结加在下方的叶茎上。

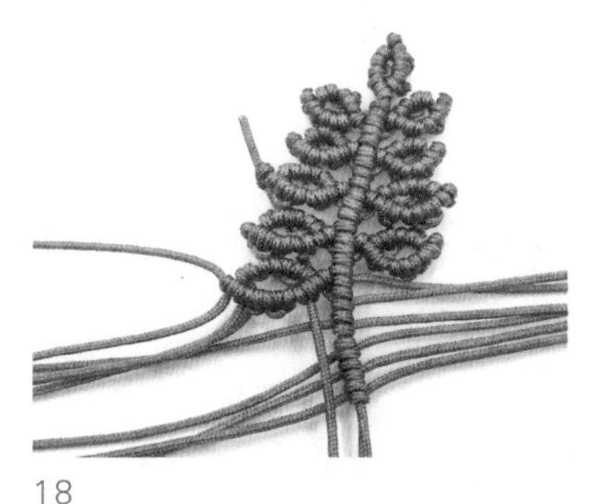

18

选取叶茎左上方的两根玉线，编1个斜卷结；左右各加1根15cm长的绿色玉线作为绕线，同样编斜卷结，此时的编结比步骤13多了半个斜卷结。

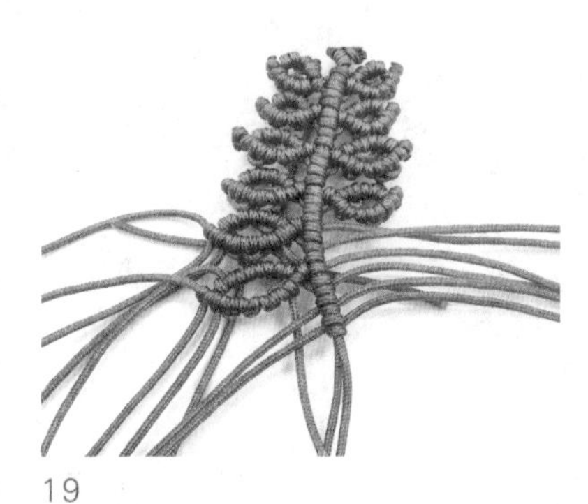

19

重复步骤18，加线的编结比步骤18多了半个斜卷结。

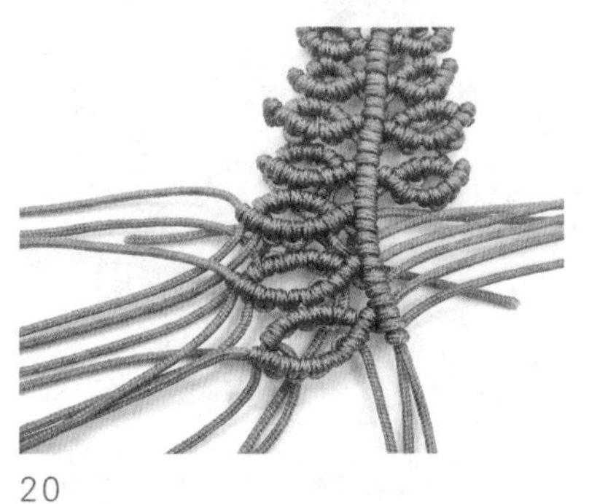

20

重复步骤19，加线的编结比步骤19多了半个斜卷结。

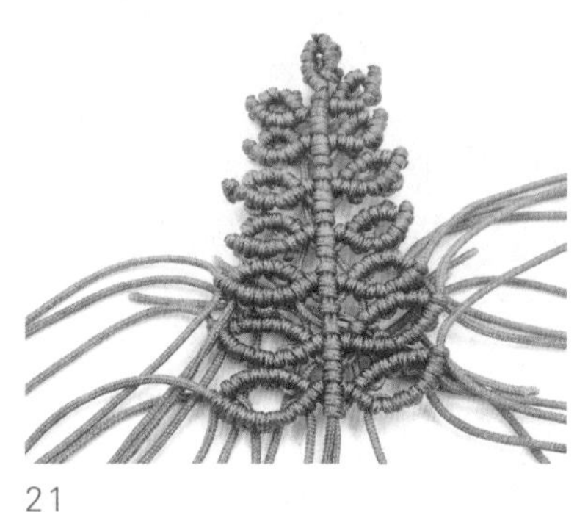

21

对称编好右边的3组叶片，保持大小一致。

22

剪掉多余的线头，烧线固定，整理叶片的间距。

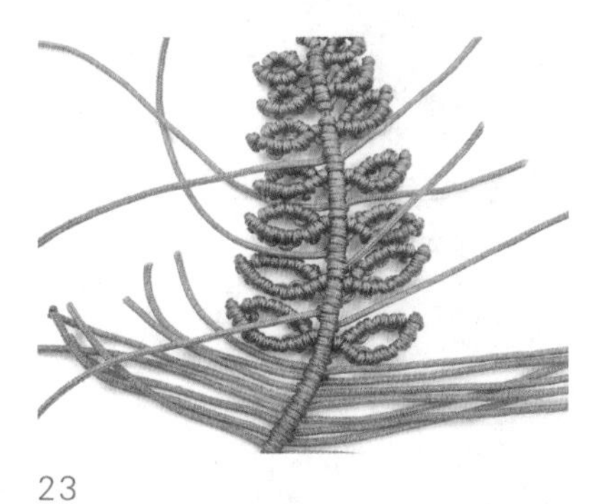

23

将剪下的线头编斜卷结，加在叶柄的位置。

24

剪掉线头，烧线固定，完成。

秋日倾听书签

蜻蜓谐音“倾听”，是读者对作者最好的尊重。红色端庄吉祥，编结疏密得当，轻盈精巧，让人赏心悦目。

▶ 所用材料

红色蜡线：长100cm，直径0.1cm 两根
红色蜡线：长50cm，直径0.1cm 4根
红色蜡线：长40cm，直径0.1cm 两根
红色蜡线：长20cm，直径0.1cm 两根
黑玛瑙圆珠：直径0.4cm 两颗

▶ 所用工具

尺子、剪刀、打火机

▶ 所用编法

斜卷结（P010）
双向雀头结（P010）
双向平结（P011）

编织步骤

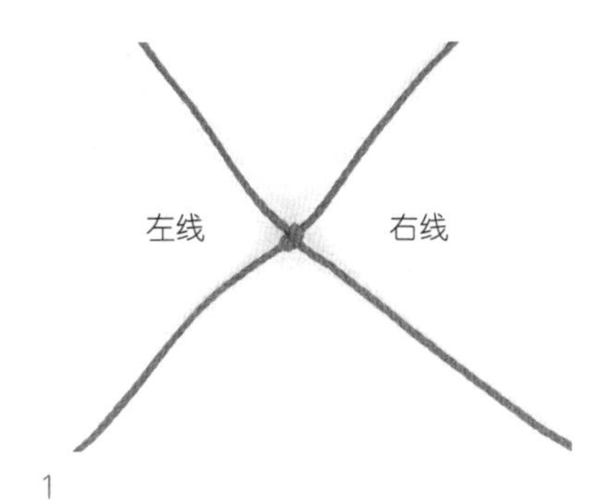

1
取两根100cm长的红色线，以左线为轴线、右线为绕线，在中间编1个斜卷结。

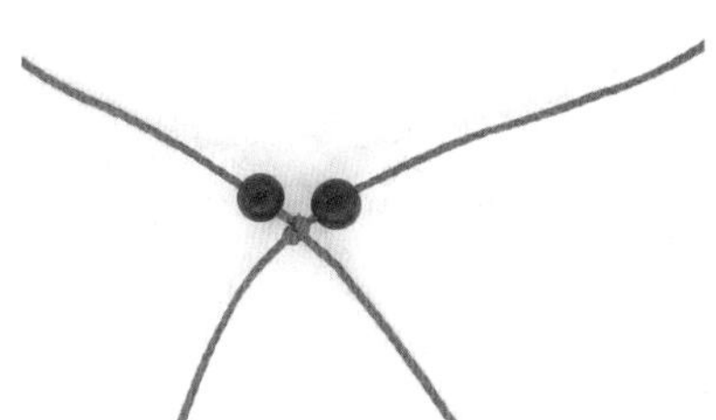

2
上方两根线各穿1颗黑玛瑙圆珠。

3
将下方两根线的左右两边各挂两根50cm长的红色线，编双向雀头结。

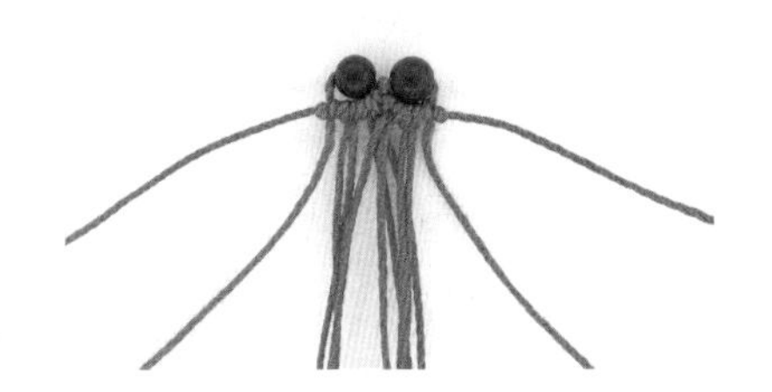

4
将上方的两根线向下拉，作为绕线左右各编1个斜卷结。

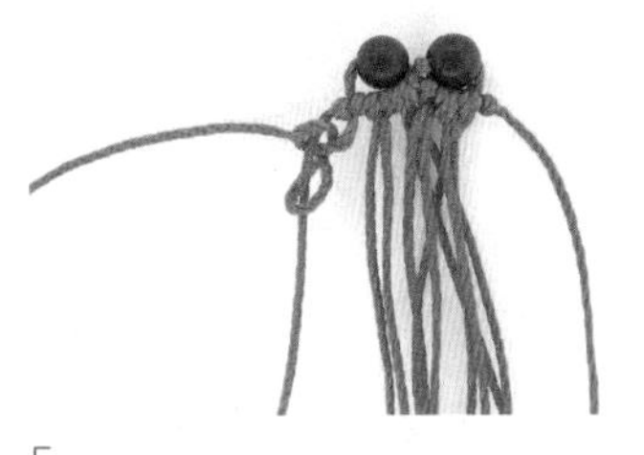

5
左边的绕线不变，继续编1个斜卷结。

6
右边同样编1个斜卷结。

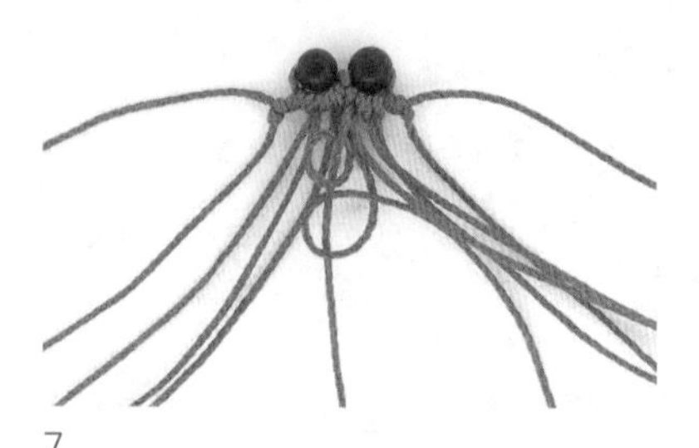

7

选取中间的两根线，以左线为绕线、右线为轴线，编1个斜卷结。

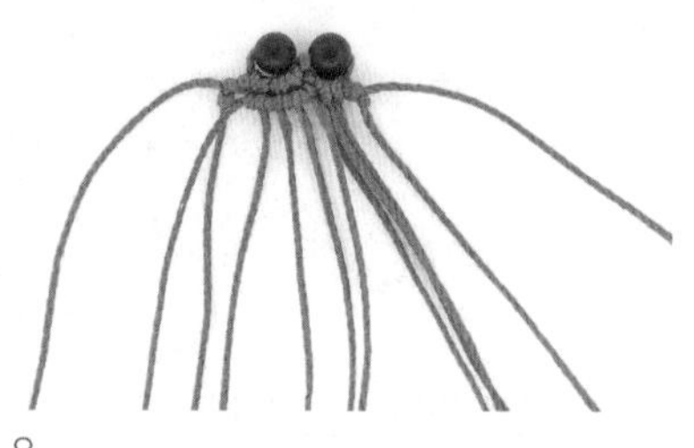

8

取中间靠左的1根线作为轴线，编完左边一排斜卷结。

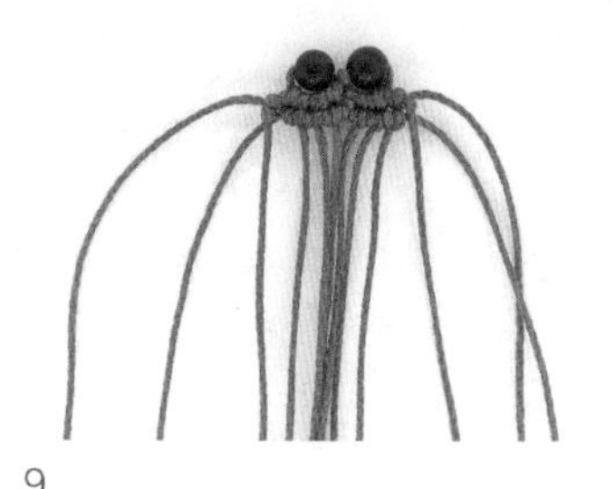

9

同样编完右边一排斜卷结。

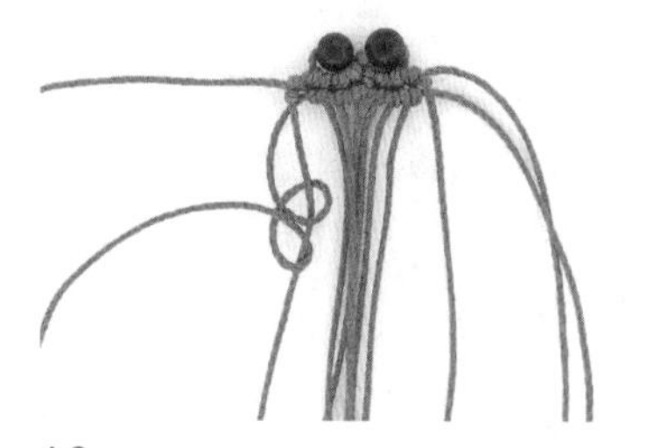

10

将步骤8的轴线变绕线，与步骤5的轴线编1个斜卷结。

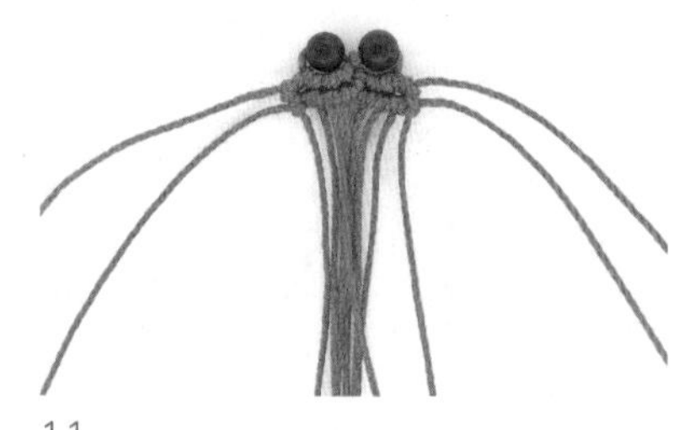

11

将步骤9的轴线变绕线，与步骤6的轴线编1个斜卷结。

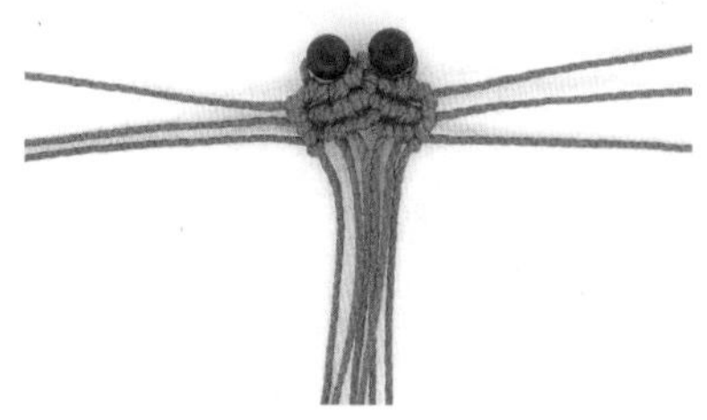

12

参考步骤7～11，再编一排斜卷结。

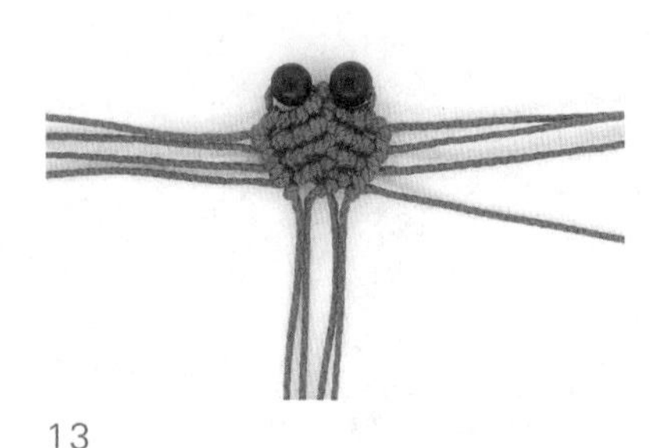

13

继续编两排斜卷结，最后一排为1个斜卷结。

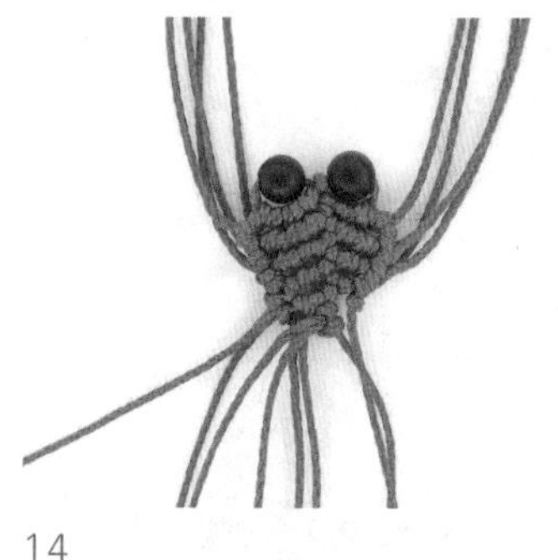

14

在中间的两根线上左右各加1根40cm长的红色线，反向编双向雀头结。

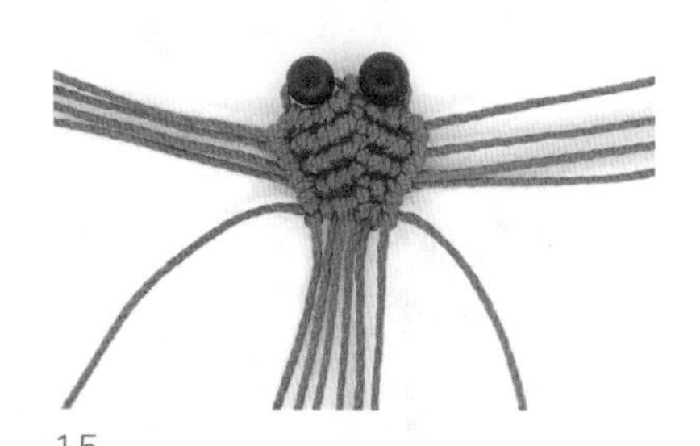

15

以轴线作为绕线向两侧编斜卷结，收边。

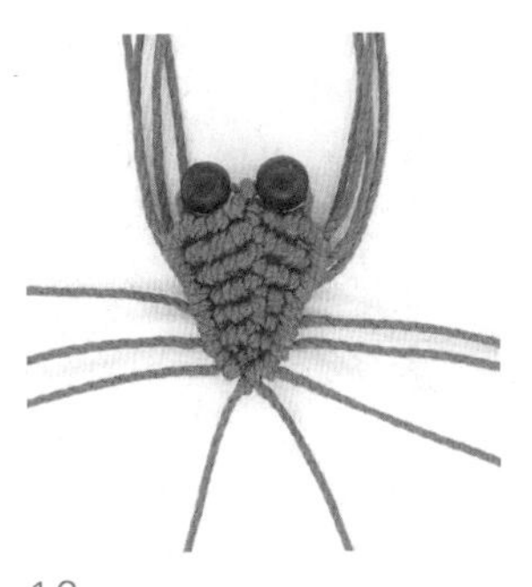

16

参考步骤7～11，编两排斜卷结，形成尖角，蜻蜓腹部完成。

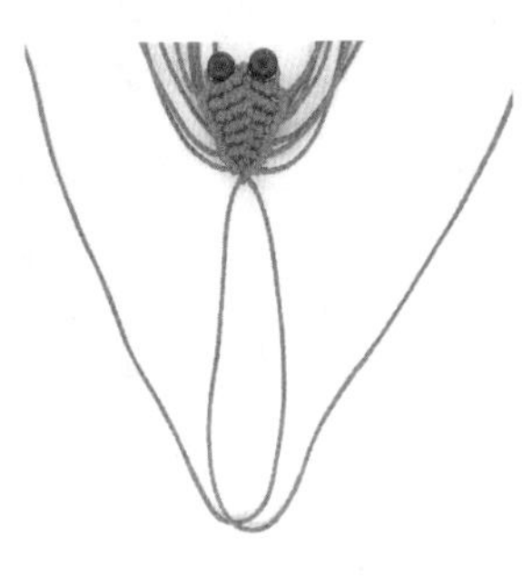

17

将蜻蜓腹部的两根线预留4cm左右的长度，编蜻蜓的尾部。

18

留一点空间作为尾巴，然后编双向平结。

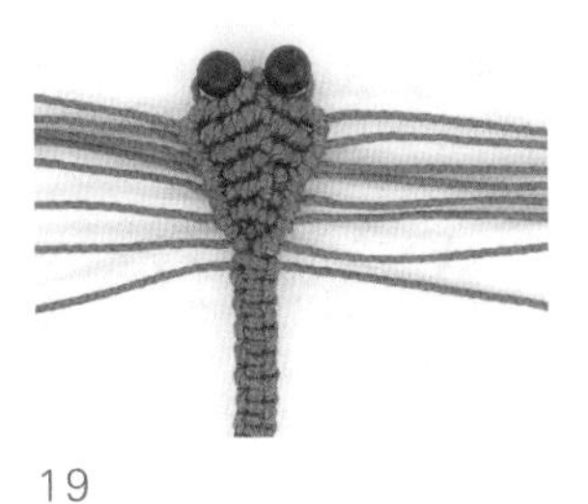

19

向上重复编双向平结，直至与腹部连接。

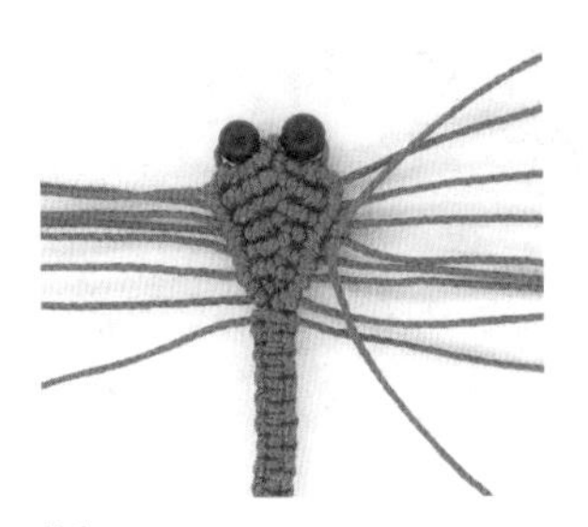

20

取1根长20cm的红色线作为轴线，在蜻蜓腹部右侧编斜卷结。

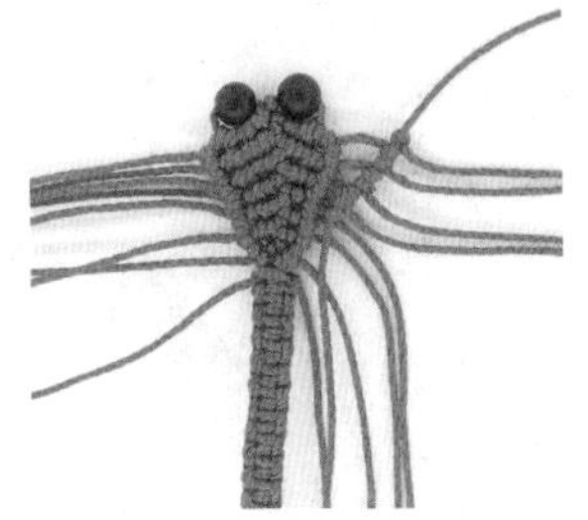

21

向上依次以斜卷结编完4根线，走线呈倾斜折线纹样。

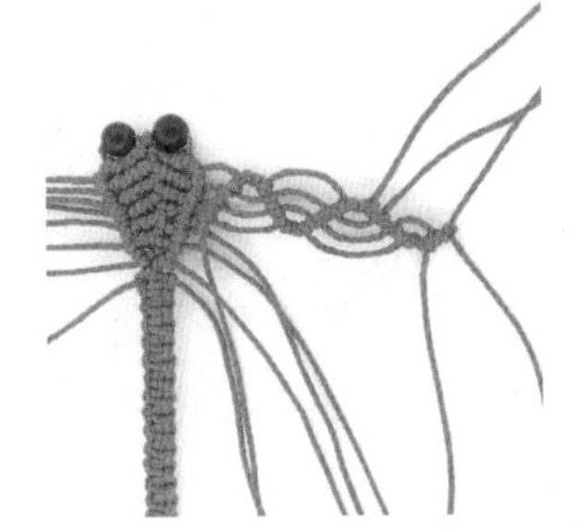

22

一共编5个折线。外侧边沿走线时，每根绕线只需编一个半斜卷结，形成较宽的间距。

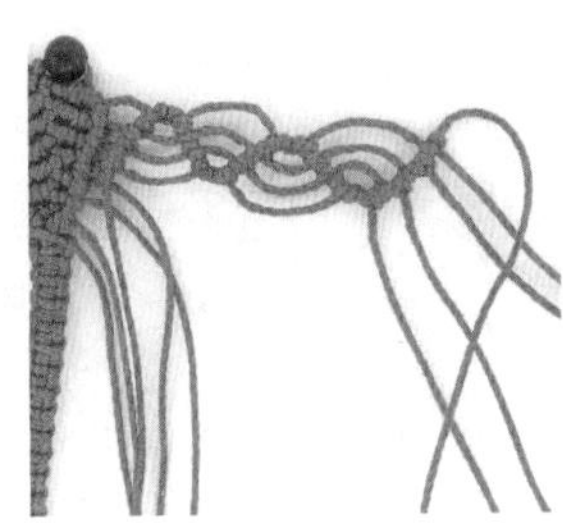

23

将轴线向下折回。

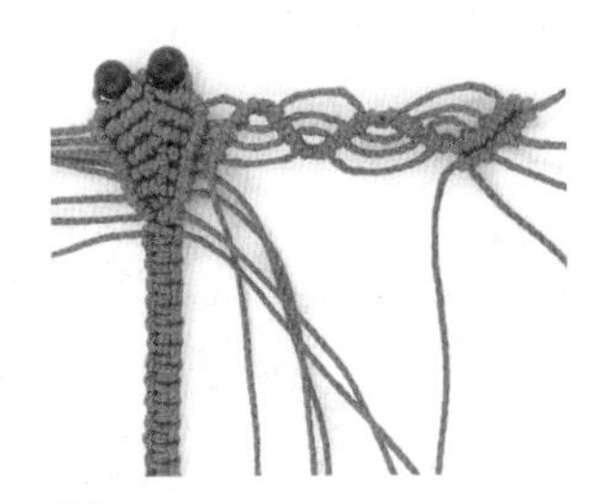

24

保持相同的间距编斜卷结，收边。

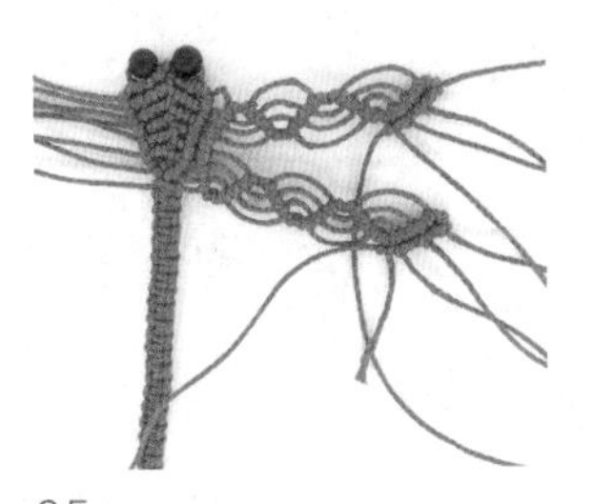

25

参考上述步骤，完成下方的翅膀。

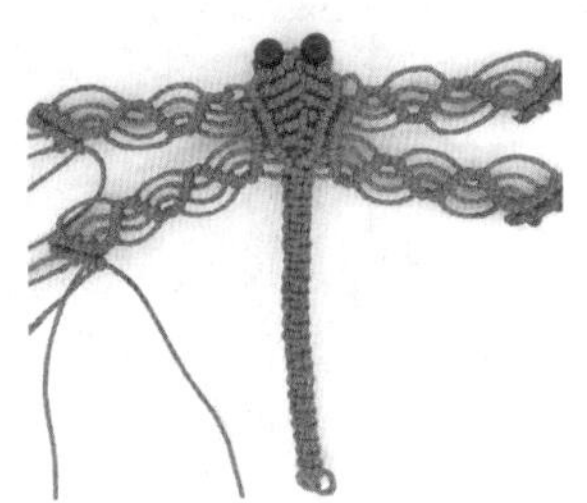

26

编完所有的翅膀。

27

剪掉多余的线头，烧线固定，完成。

绣球挂饰

橘色吉祥且明亮，彩色绣球俏皮；黑色小珠子的加入，避免了整体过于轻飘。

▶ 所用材料

71号黑色玉线：长30cm 3根
72号深紫色玉线：长80cm 1根
72号蓝紫色玉线：长15cm 1根
5号橘色人造丝：长60cm 两根
5号灰色人造丝：长60cm 1根
5号绿色人造丝：长60cm 两根
5号蓝色人造丝：长60cm 1根
5号浅紫色人造丝：长60cm 1根
5号玫红色人造丝：长60cm 1根
小黑珠：直径0.2cm 50颗
小银珠：直径0.2cm 1颗
黑色扁珠：直径1cm 1颗

▶ 所用工具

尺子、剪刀、泡沫板、珠针、打火机、大孔针

▶ 所用编法

蛇结（P011）
菠萝扣（P013）
金钱结（P013）
吉祥结（P017）

编织步骤

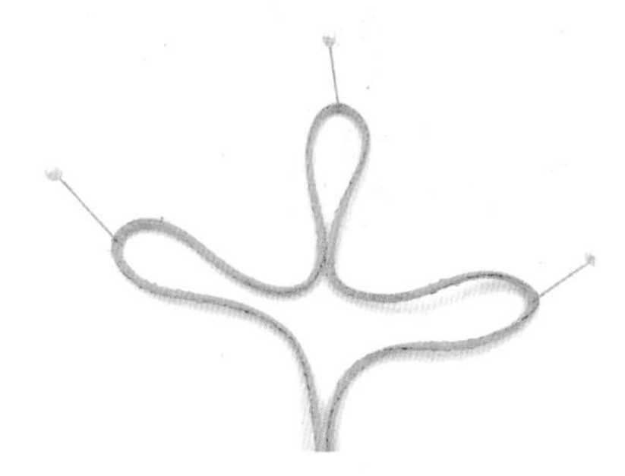

1

用珠针将1根60cm长的橘色人造丝排出3个耳，固定在泡沫板上。

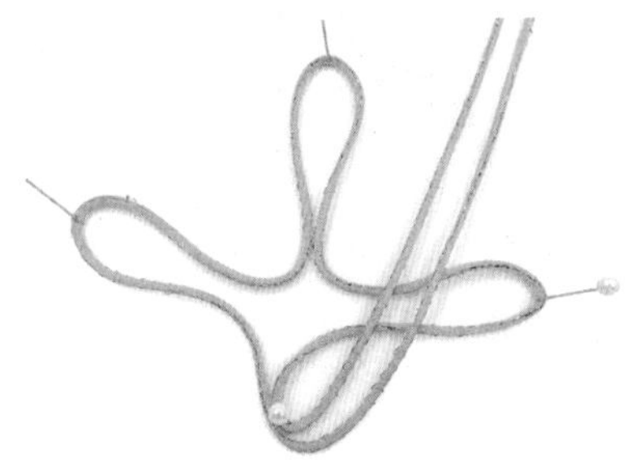

2

将下方的两根丝线压向右耳。

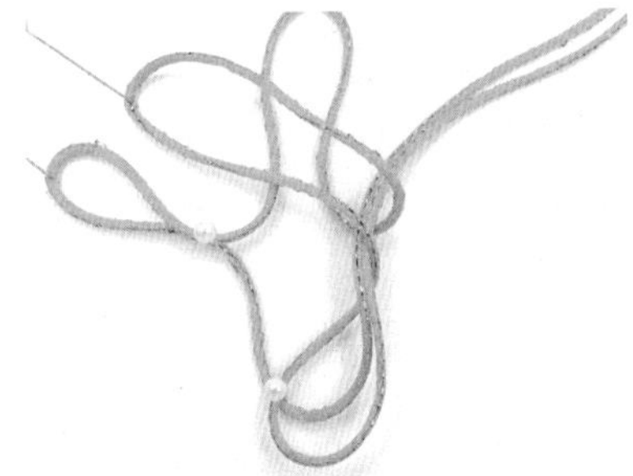

3

将右耳向左压住两根丝线和上方的耳，用珠针固定。

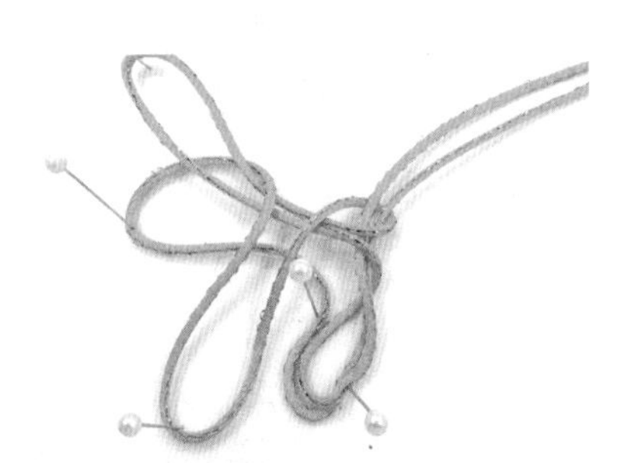

4

将上方的耳向下压住左边的两个耳。

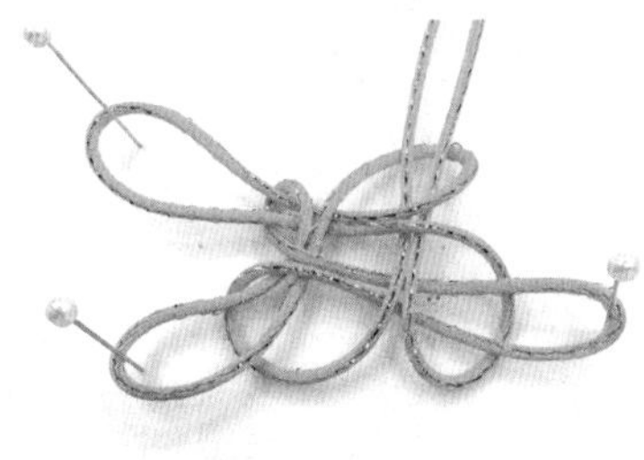

5

将剩余的1个耳穿过步骤2的空位。

6

收紧4个方向的耳。

7

参考上述步骤再编一层。

8

整理收紧，正面效果如图所示。

9

翻至反面，结体边缘呈现4个小弧形。

10

将4个弧形向外拉出，调整各个耳的大小，形成吉祥结。

11

取1根80cm长的深紫色玉线，中间对折，留约0.8cm直径的孔做扣环，开始编蛇结，长度约6cm。

12

在深紫色玉线的尾端穿1颗黑色扁珠和1颗小银珠做纽扣，再穿过吉祥结上方的耳，将橘色人造丝下端的两根丝线保留约1cm的长度，用打火机烧掉多余的丝线。

13

用大孔针穿1根黑色玉线，并穿过吉祥结下方的耳。

14

一共穿3根黑色玉线。

15

将3根玉线编1个蛇结，取蓝紫色玉线编1个菠萝扣，穿入黑色玉线中。

16

将菠萝扣用力卡紧蛇结和橘色人造丝的线头。

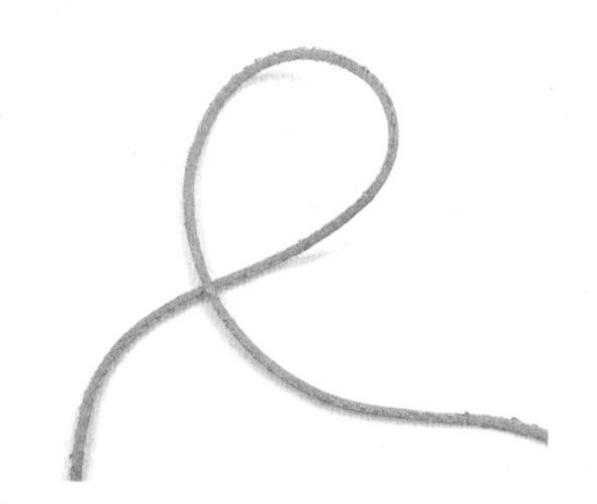

17

接着开始编小绣球。取1根橘色人造丝绕1个圈，线头为长线在右、短线在左。

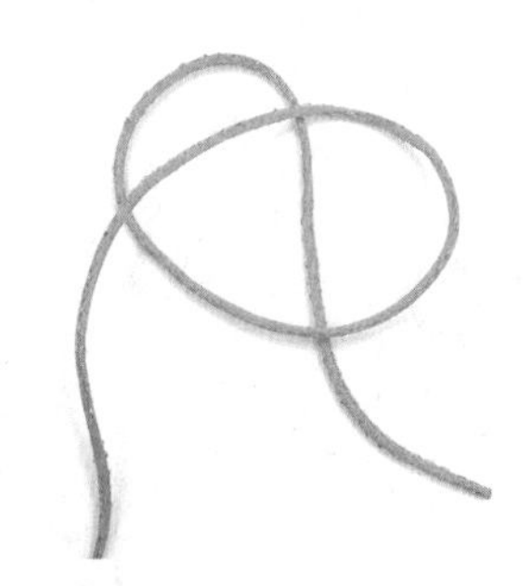

18

将长线折一个圈压在第1个圈上。

19

编1个金钱结。

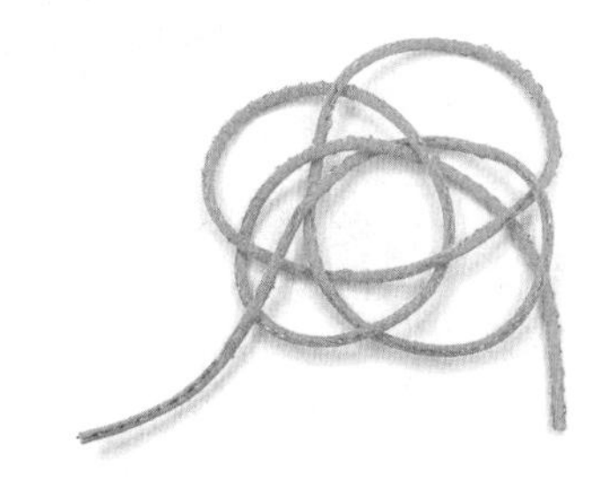

20

继续重复走线，共走3排金钱结。

21

收成一个菠萝扣。

22

继续收紧，形成圆球。参考上述步骤完成其他几个不同颜色的小绣球。

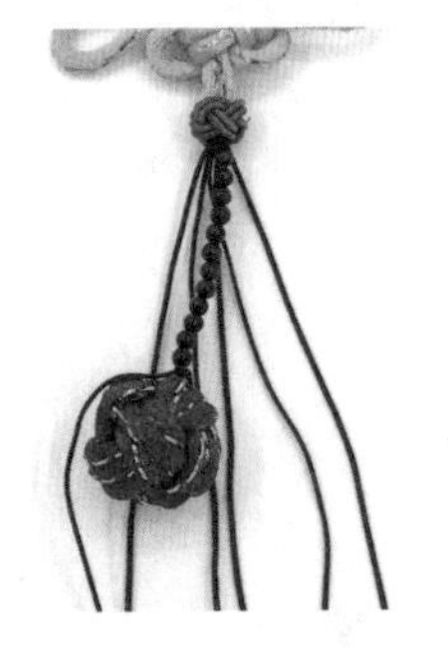

23

将黑色玉线依次穿好小黑珠和小绣球。

24

再将黑色玉线调整为长短不一的长度，分别穿上小黑珠和彩色小绣球，作品完成。

松韵钥匙圈挂饰

钥匙、小球响叮当。绿松石本就够分量，选用丝线做绣球，则虚实相当，有轻有重。

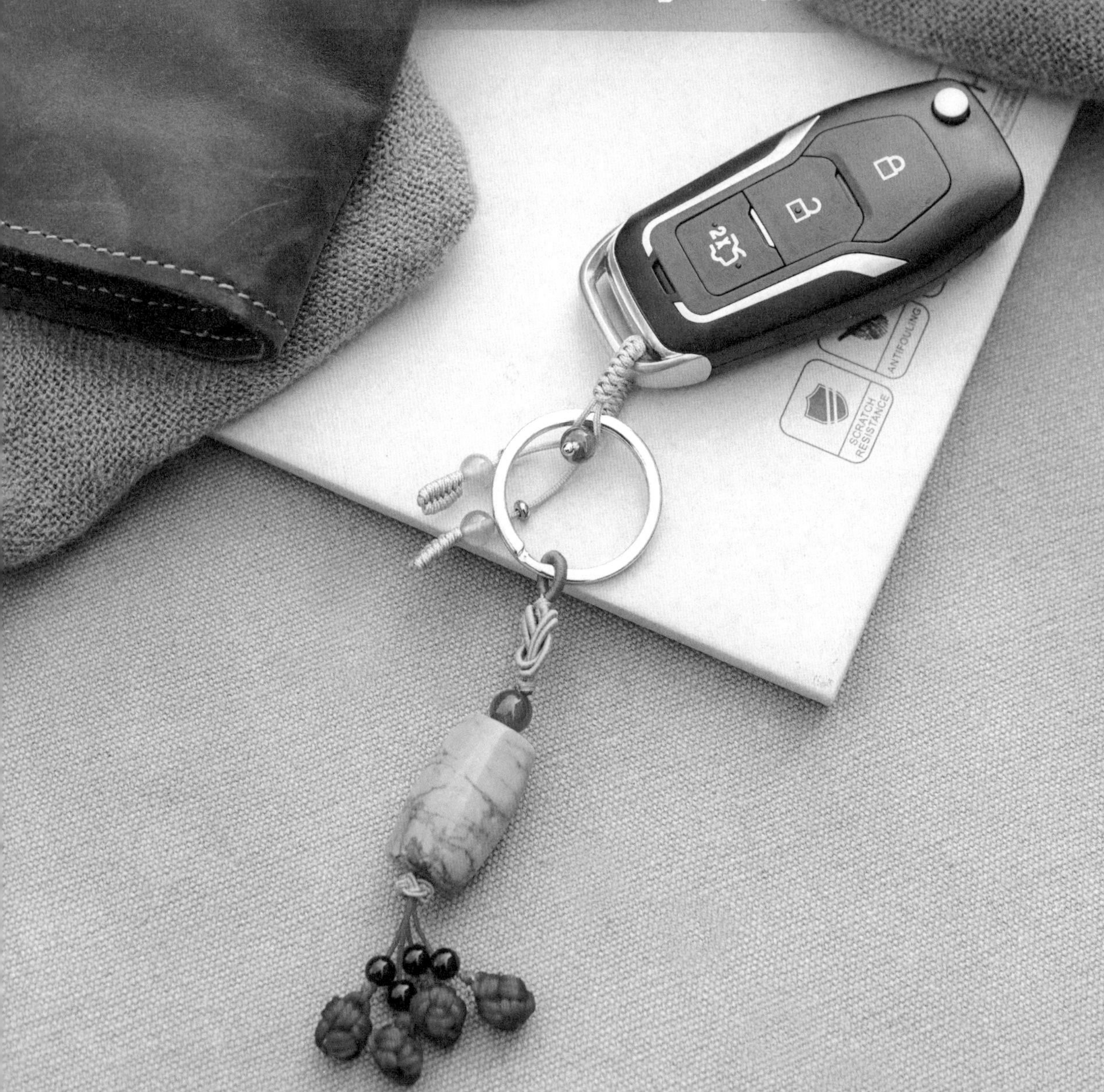

▶ 所用材料

72号紫色玉线：长40cm 两根
72号红色玉线：长20cm 两根
72号灰色玉线：长15cm 1根
橘色3股线：长30cm 1根
绿色3股线：长150cm 4根
5号深红色人造丝：长60cm 4根
红玛瑙圆珠：直径0.8cm 1颗
黑玛瑙圆珠：直径0.5cm 4颗
绿松石桶珠：1颗
钥匙钢圈：直径3cm 1个

▶ 所用工具

尺子、剪刀、打火机

▶ 所用编法

蛇结（P011） 同心结
菠萝扣（P013） 绕线（P015）

编织步骤

1

取两根40cm长的紫色玉线绕一圈，挂在钥匙钢圈上，另取1根30cm长的橘色3股线在紫色玉线的交叉位置开始绕线。

2

拉住紫色玉线的两端，收紧中间的圈，形成拉圈，挂在钥匙钢圈上。

3

将拉圈下方的紫色玉线两根1组，编1个蛇结；然后用绿色3股线绕线，每根约绕10cm长。

4

右边两根线为1组，编1个单结。

5

将左边两根线从下往上穿过右边的单结，再编1个单结，收紧，完成1个同心结，形成双层花型。将编结下方的紫色玉线两根1组，编1个蛇结。

6

剪去4根紫色玉线中的任意两根，烧线固定。

7

将剩下的两根紫色玉线穿1颗红玛瑙圆珠。

8

接着穿绿松石桶珠。若珠子孔比较大，可多编几个蛇结再穿，以增大阻力，防止珠子摇晃。

9

在绿松石桶珠底部加两根红色玉线，用紫色玉线编蛇结，锁住红色玉线。

10

剪去紫色玉线的线头，烧线固定。取1根15cm长的灰色玉线编1个菠萝扣加以遮挡。

11

取4根60cm长的深红色人造丝，分别做4个小绣球。将4根红色玉线分别穿上黑玛瑙圆珠和小绣球，打结固定。

12

剪去红色玉线的线头，烧线固定，作品完成。

青果包挂

一叶一果，沉甸甸的碧桃宝石坠子本身已足够美丽，只需一片叶子便可以装点包包的一角。

▶ 所用材料

72号绿色玉线：长40cm 3根
72号绿色玉线：长20cm 两根
72号绿色玉线：长30cm 1根
72号绿色玉线：长50cm 1根
红色琉璃珠：直径0.6cm 1颗
黄玉珠：直径0.4cm 2颗
绿色坠子：1个

▶ 所用工具

尺子、剪刀、打火机

▶ 所用编法

斜卷结（P010）
蛇结（P011）
四股辫（P014）

编织步骤

1
将两根40cm绿色玉线呈“十”字放置，竖线为轴线，横线为绕线，编1个斜卷结。

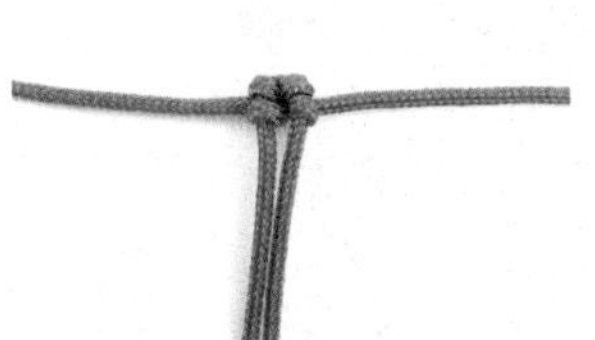

2
将轴线拉下来，用左边的绕线再编1个斜卷结。

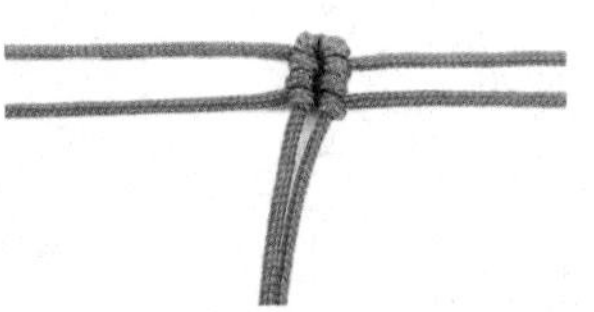

3
加1根40cm绿色玉线作为绕线，编斜卷结。

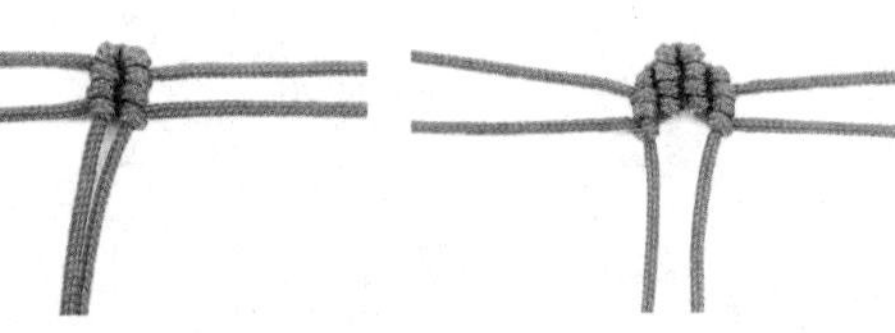

4
将第一排的两根横线向下拉作为轴线，编斜卷结，左右两边都编好。

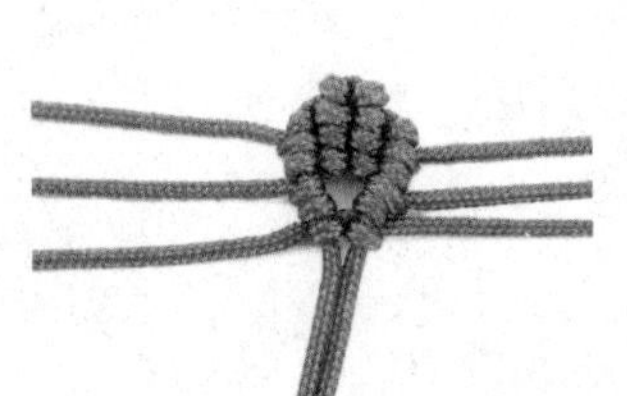

5
再加1根20cm绿色玉线作为绕线，编斜卷结。

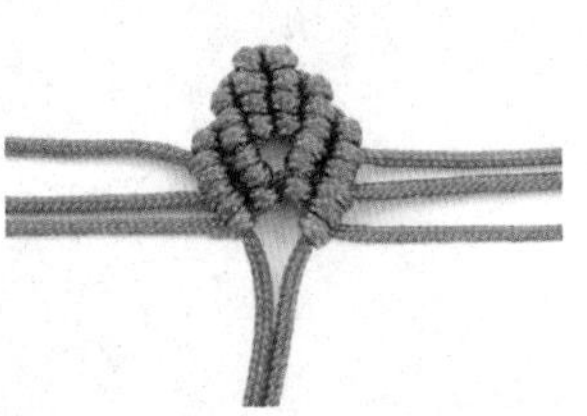

6
将第一排的两根横线向下拉，作为轴线，左右分别编斜卷结。

7
继续加1根30cm绿色玉线，同步骤5继续编斜卷结。

8
接着加1根20cm绿色玉线再编斜卷结。中间的叶尖完成。

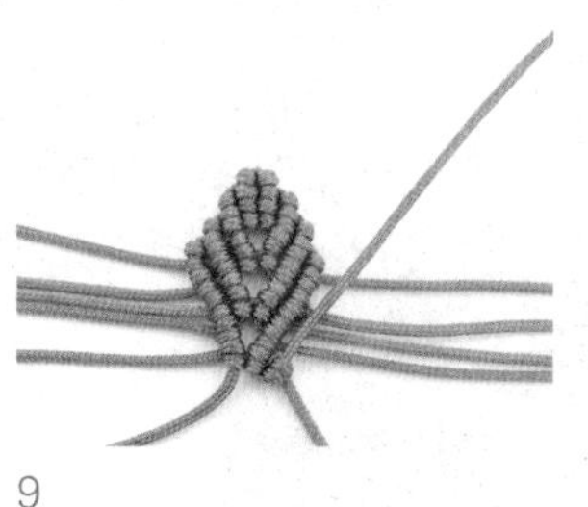

9

右边起，将轴线向上折回，用相邻横线依次编斜卷结。

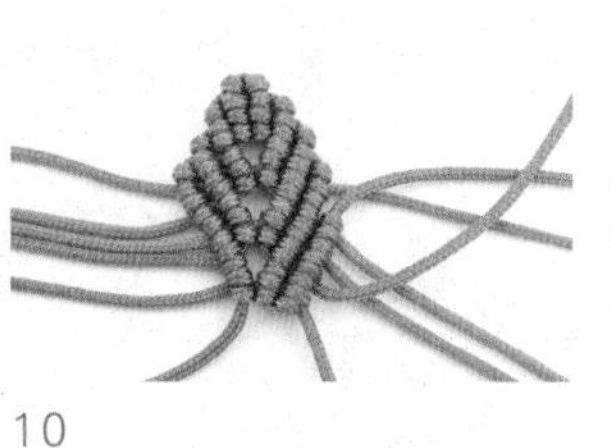

10

编完一排，第二排下方的第1根线不编，从第两根线开始编斜卷结。

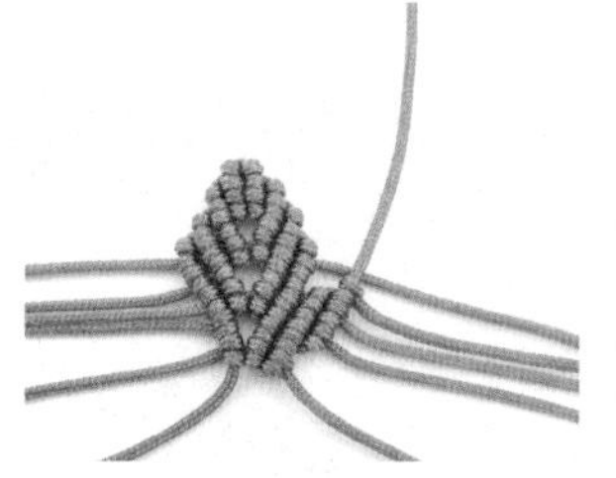

11

编完一排斜卷结。

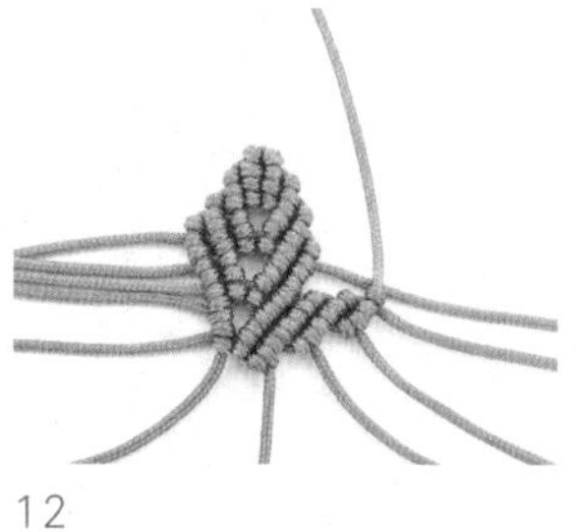

12

参考步骤10～11，再编一排短斜卷结，形成递减趋势。

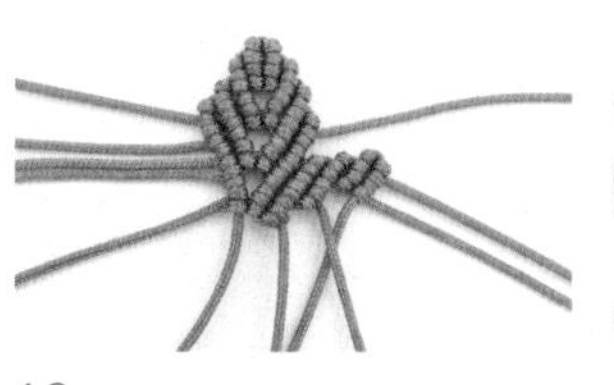

13

将右边叶尖的轴线向下折，与相邻两根线编斜卷结。

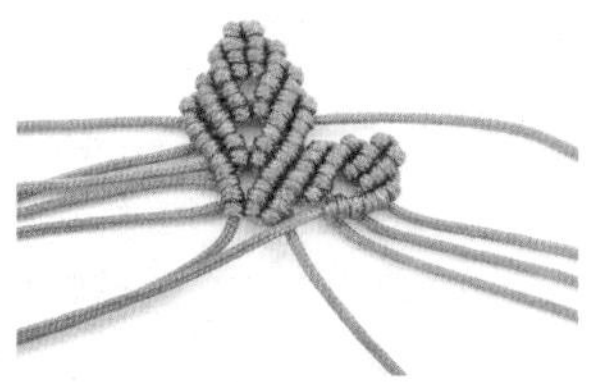

14

取叶尖下方的外侧线为轴线，以相邻3根线为绕线，编一排斜卷结。

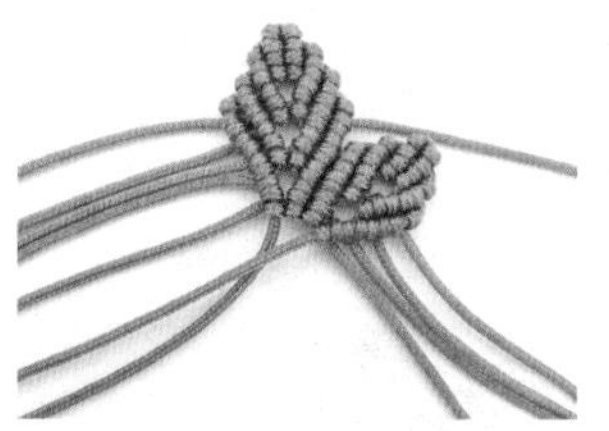

15

再取外侧线为轴线，以相邻4根玉线为绕线，编一排斜卷结，完成右边的叶尖。

16

参考上述步骤，完成左边叶尖的编结，剪掉多余绕线，烧线固定，保留左右叶尖的两根轴线，合编1个蛇结。

17

在蛇结上方的镂空处穿1根50cm绿色玉线，再将4根玉线一起串进红色琉璃珠。

18

用4根尾线编四股辫，长度约为20cm，末端两根玉线为1组编两个蛇结，将其中两根玉线穿进红色琉璃珠。

19

再穿上绿色坠子，回线编两个蛇结，烧线固定。

20

剩余两根玉线各穿1颗黄玉珠，烧线固定。完成。

花团挂饰

民族风小挂饰，活跃、热闹的配色，透出乐观向上的生活态度。

▶ 所用材料

红色C线：长80cm，直径0.2cm 1根
粉色A线：长60cm，直径0.2cm 1根
宝蓝色A线：长60cm，直径0.2cm 1根
土黄色A线：长60cm，直径0.2cm 1根

▶ 所用工具

剪刀、尺子、泡沫板、珠针、钩针、打火机

▶ 所用编法

蛇结（P011）
凤尾结（P012）
团锦结（P018）

编织步骤

1

取红色C线中间对折，预留约8cm的挂环长度，编1个蛇结，用珠针固定在泡沫板上。

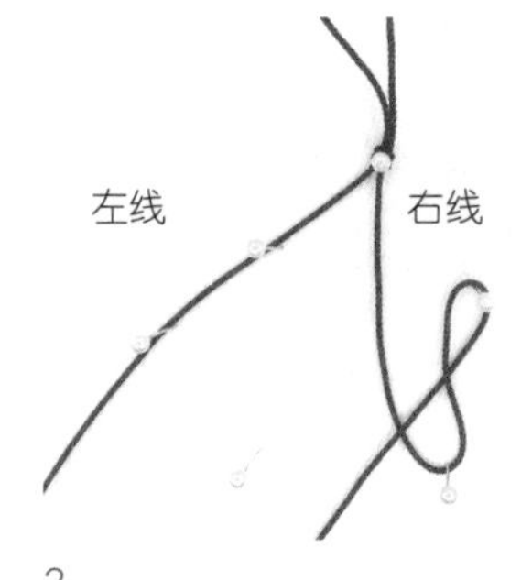

2

右线按如图所示走线，先下后上弯折。

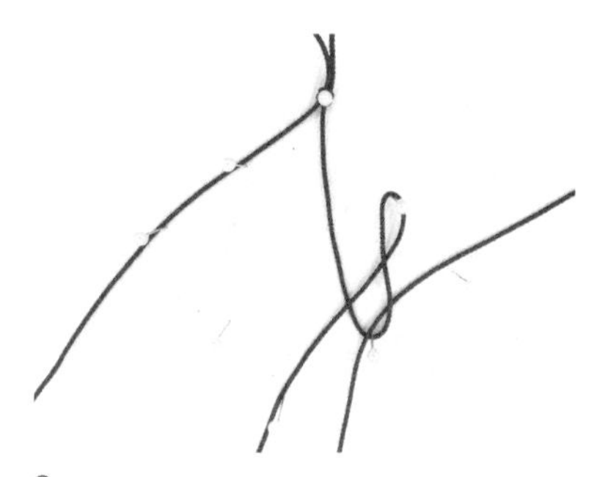

3

然后折回向右，先压1根再挑1根。

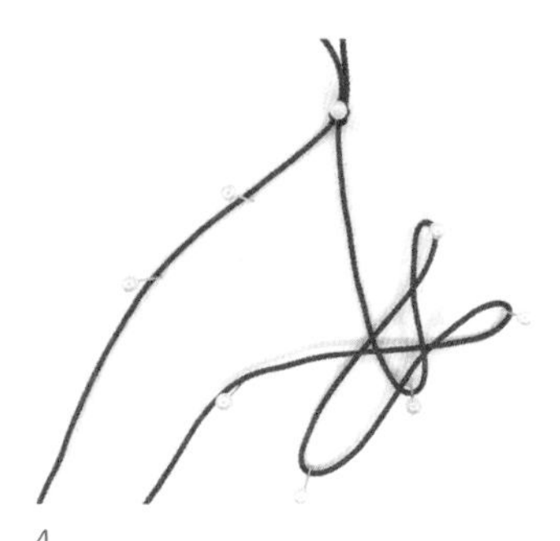

4

接着从右往左先压1挑2，再挑1压2走线。

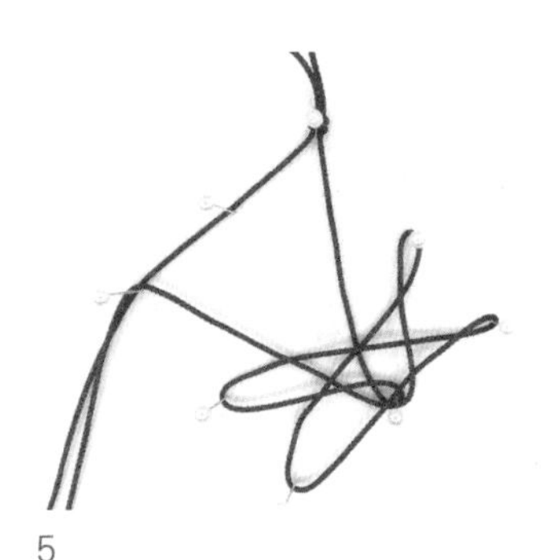

5

然后先左后右压3挑3再压1。

6

继续走线，从左往右下压1挑1，再压1挑1。

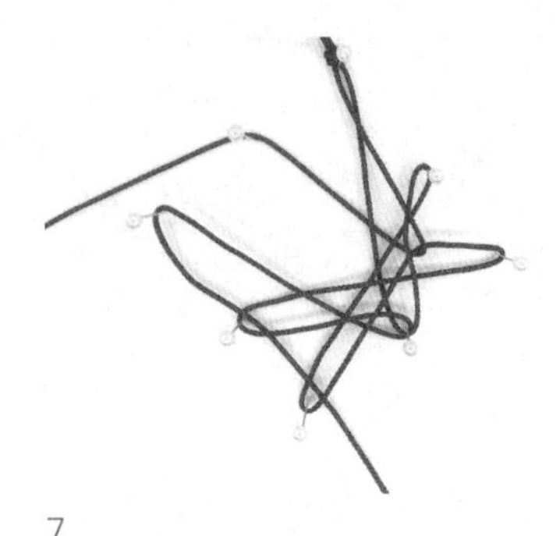

7

开始走左线，拉向右边，压4挑4到左边。

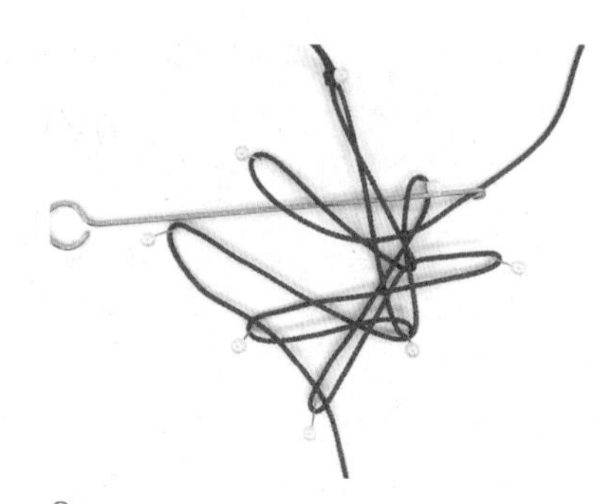

8

接着将线拉向右边，钩针挑5压1，将线钩回左边。

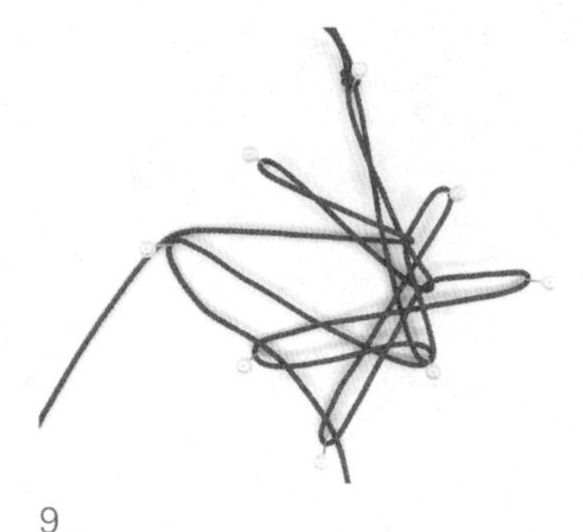

9

左边向下继续走线。

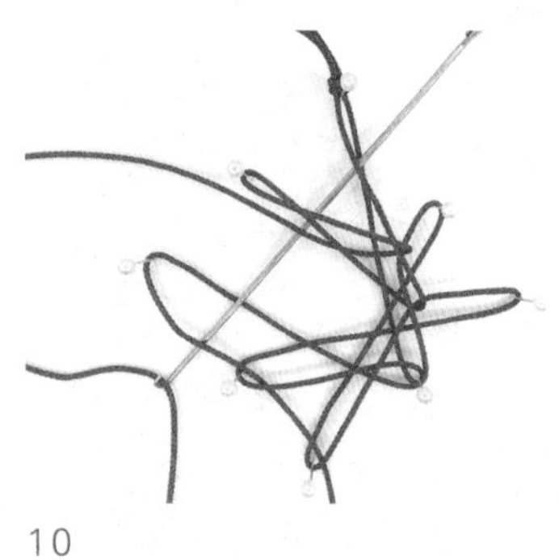

10

钩织从上往左下压1挑4，再压1挑1引线。

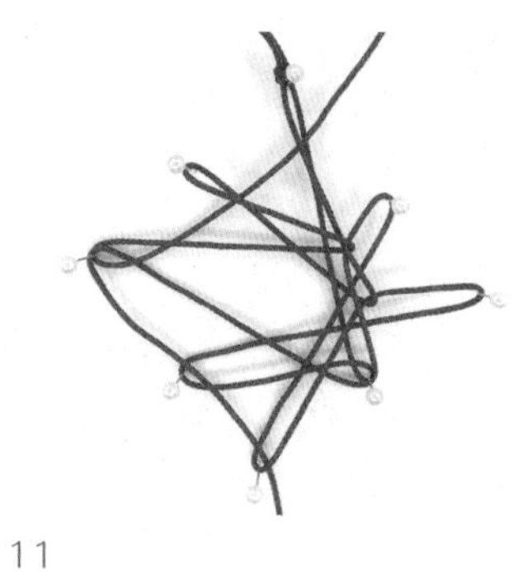

11

拉出线到上方。

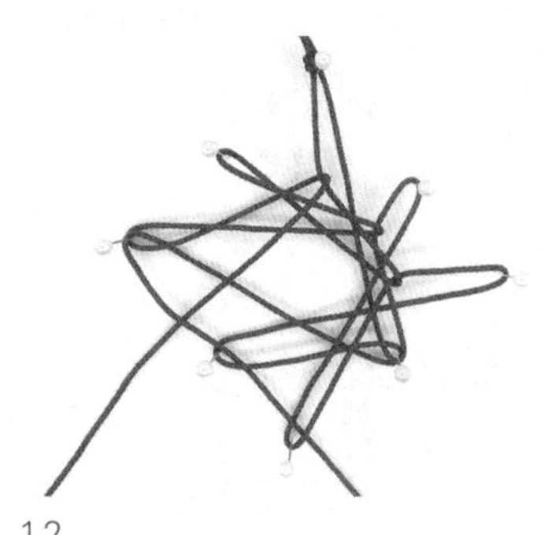

12

接着压5挑1折回到左下方。

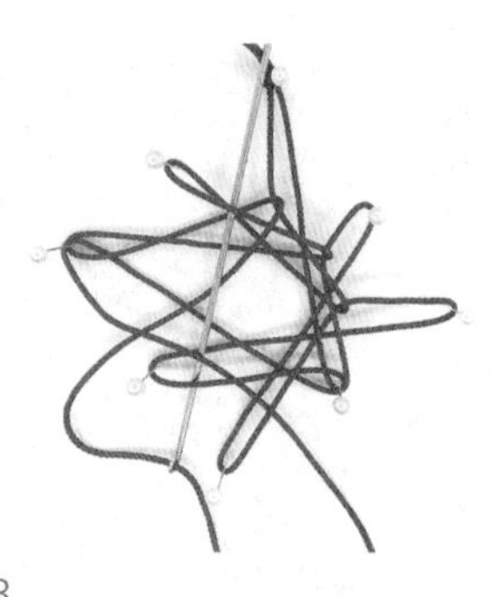

13

钩针再从上往下压6挑2引线。

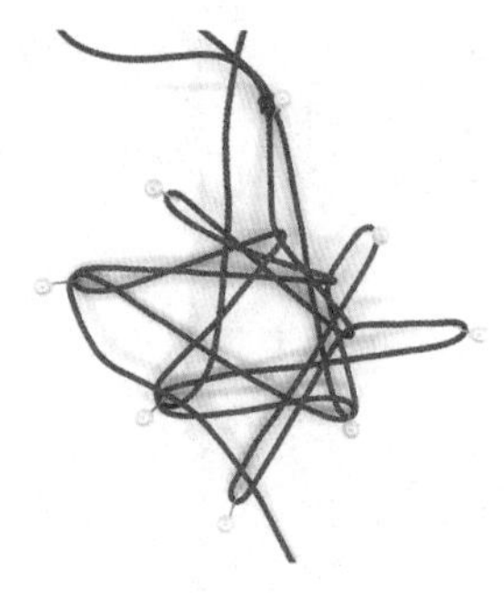

14

将线拉出向上。

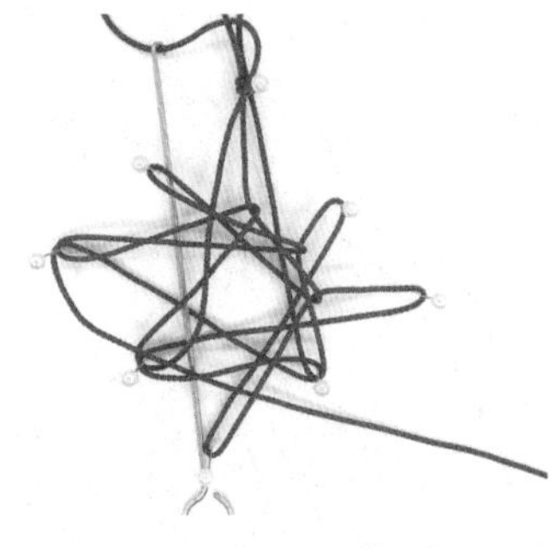

15

接着钩针从下往上挑3压2挑5引线。

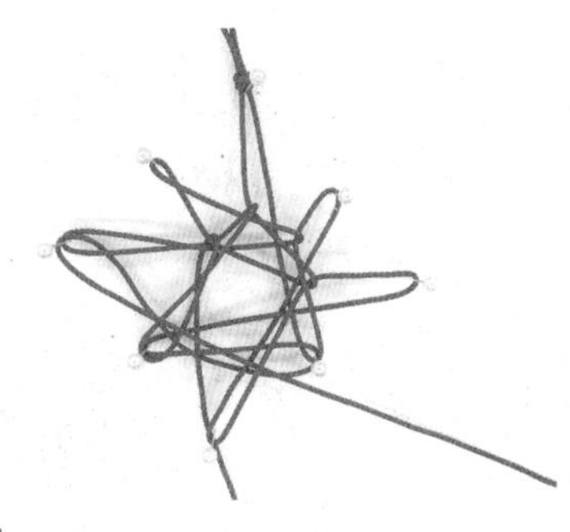

16

拉出线到下方，再穿过下方的圈。

17

拆掉珠针，慢慢收紧6个耳，团锦结完成。

18

取粉色A线和宝蓝色A线重叠编蛇结。

19

编约8cm长度的蛇结。

20

将内芯的红色C线剪掉，烧线固定。

21

取土黄色A线绕4圈，遮挡剪线位置，此时有2粉2黄2蓝6根线。

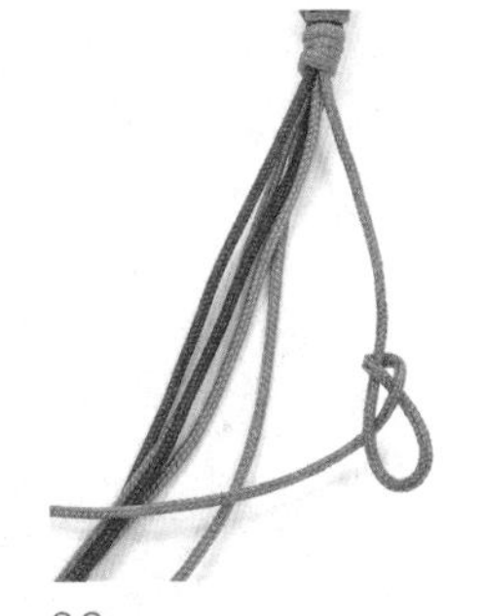

22

尾线开始编凤尾结。

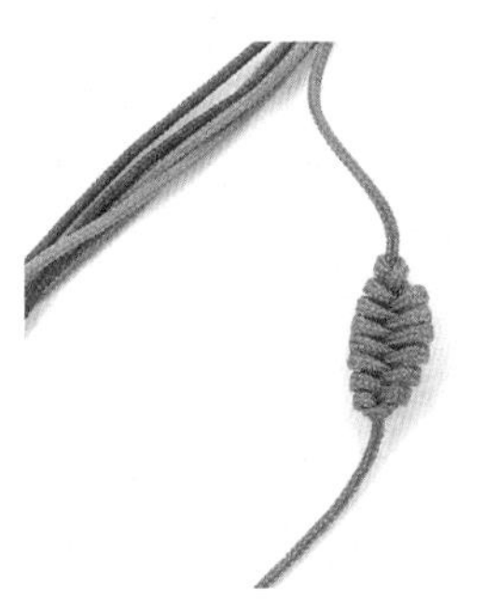

23

凤尾结编至约1cm长度。

24

将其他5根线全部编成凤尾结，长度不一，参差错落。完成。

招财进宝手机挂饰

吊饰整体小巧，翡翠元宝色浓质厚，配搭明亮的珠子，突出民族风特色。

▶ 所用材料

72号绿色玉线：长100cm 1根
12号黄色玉线：长15cm 1根
翡翠元宝雕件：1个
白珍珠：直径0.6cm 1颗
黄玉珠：直径0.6cm 2颗
红玛瑙珠：直径0.6cm 1颗
蓝玛瑙珠：直径0.8cm 2颗

▶ 所用工具

尺子、剪刀、打火机

▶ 所用编法

蛇结（P011）
凤尾结（P012）
菠萝结（P013）

编织步骤

1
取1根100cm绿色玉线中间对折，预留出约8cm的空位编1个蛇结。

2
另取1根15cm黄色玉线，编1个菠萝扣套在蛇结上。

3
将1颗白珍珠穿入绿色玉线。

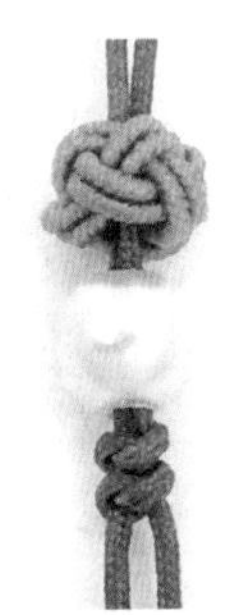

4
接着编两个蛇结。

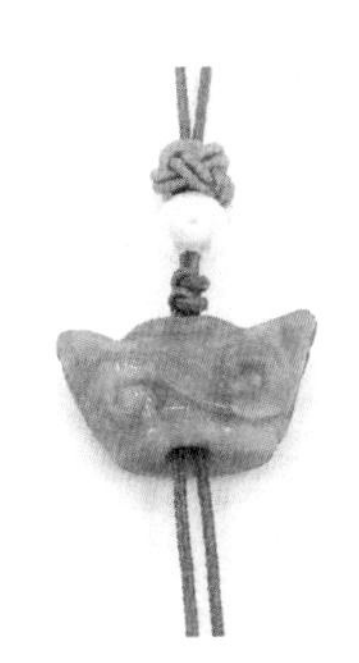

5
再穿入翡翠元宝雕件。

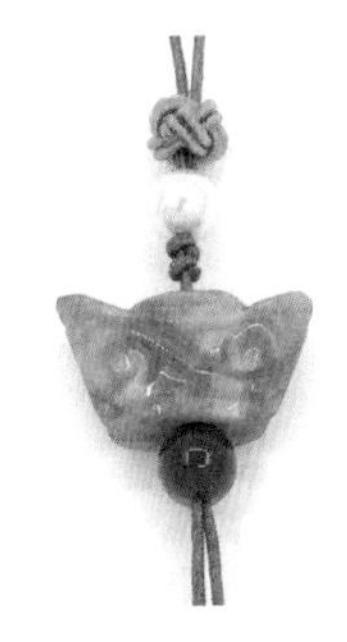

6
继续穿入红玛瑙珠。

7
继续编3个蛇结。

8
左右两根玉线须分别预留出3～5cm的空位，再依次穿入黄玉珠和蓝玛瑙珠。

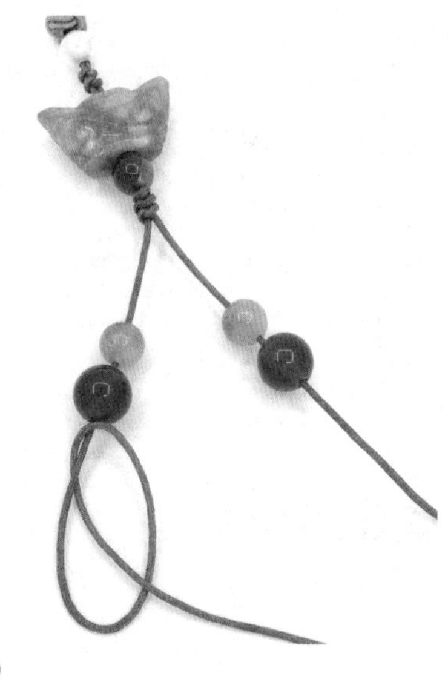

9
贴着蓝玛瑙珠编凤尾结。

10
将绿色玉线左右分别缠绕11次。

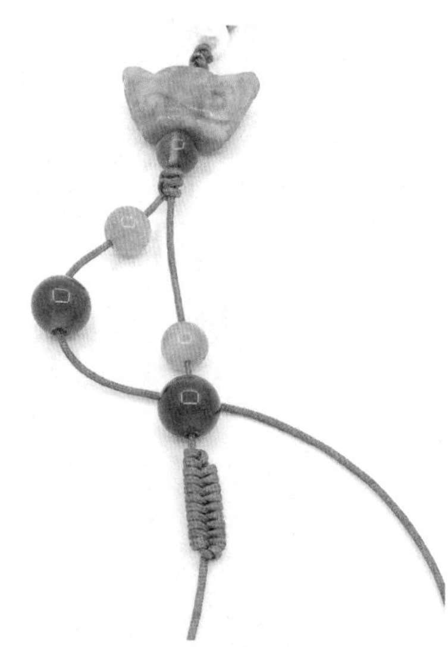

11
完成1个凤尾结。

12
将另一边的凤尾结编完后，烧线固定。完成。

心想事成手机挂饰

心形粉晶和心形编结，同色系搭配柔和舒适，是一款颇具心思的作品。

▶ 所用材料

72号红色玉线：长40cm 两根
72号红色玉线：长30cm 10根
72号红色玉线：长20cm 10根
72号紫色玉线：长40cm 1根
蓝松石珠：直径0.8cm 1颗
银珠：直径0.3cm 1颗
心形粉晶：直径1.2cmm 1颗

▶ 所用工具

尺子、剪刀、打火机

▶ 所用编法

斜卷结（P010）
双向雀头结（P010）
蛇结（P011）
双联结（P012）

编织步骤

1

取两根40cm红色玉线呈“十”字放置，竖线为轴线，横线为绕线，编1个斜卷结。

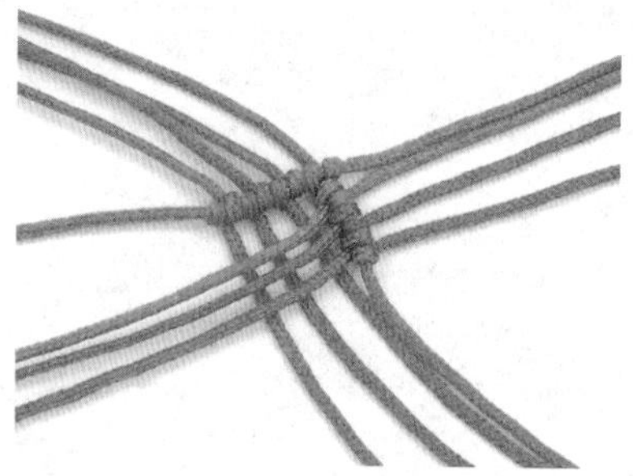

2

将十字交叉线顺时针旋转45°，下方两根玉线各加3根30cm红色玉线，编斜卷结。

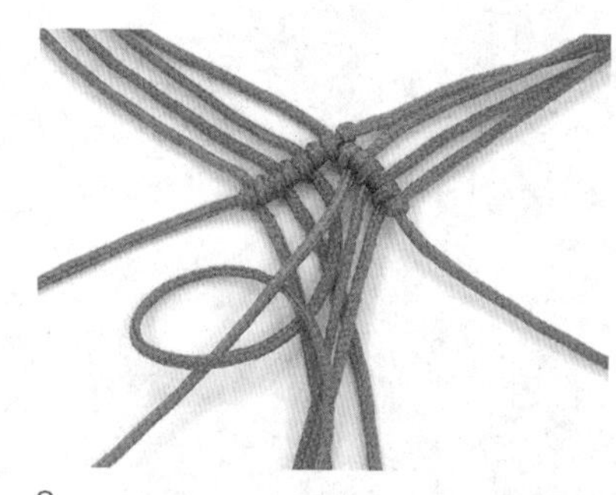

3

从中间开始，右线为轴线，左线为绕线，编斜卷结。

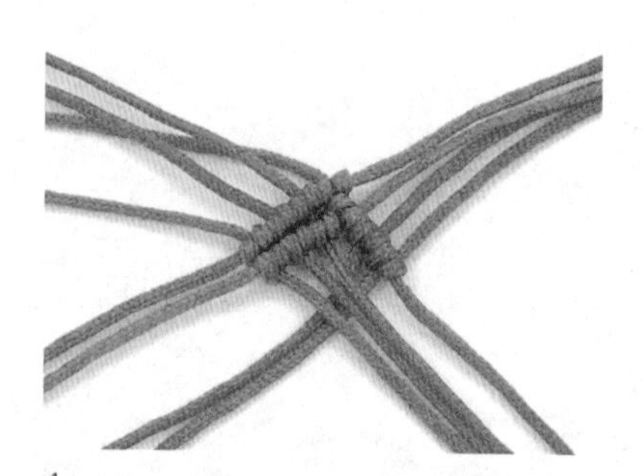

4

轴线不变，从右向左编一排斜卷结。

5

接着将左边内侧的绕线作为轴线，从左向右编一排斜卷结。

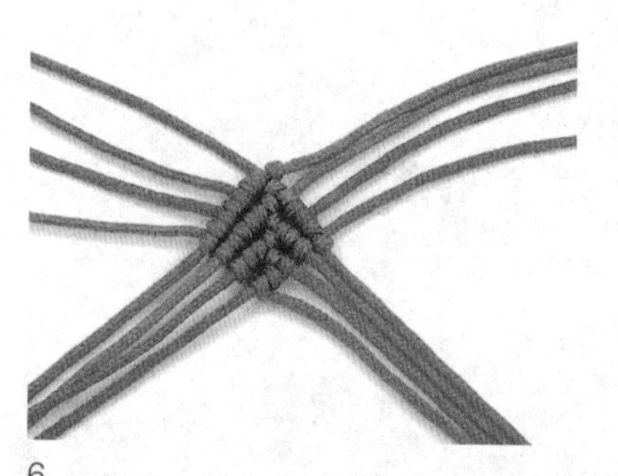

6

继续按左、右、左的顺序依次编完所有线，最后形成1个方形。

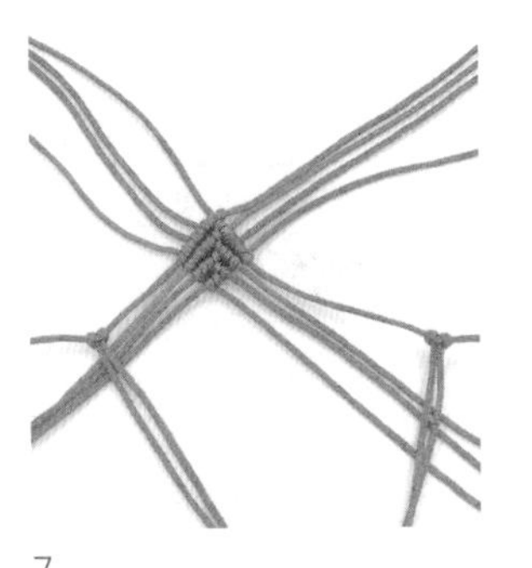

7

在左右两边第一排的轴线上，分别加1根30cm红色玉线，并反向编双向雀头结。

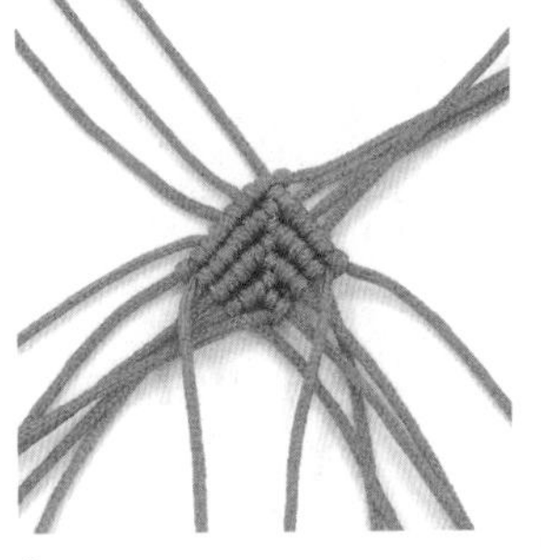

8

左右分别选取雀头结内侧的1根玉线，向内依次编斜卷结，保留中间两根玉线不编。

9

将结体上下颠倒，开始收边。

10

左边下方的轴线不变，其他轴线为绕线，依次向右编斜卷结。

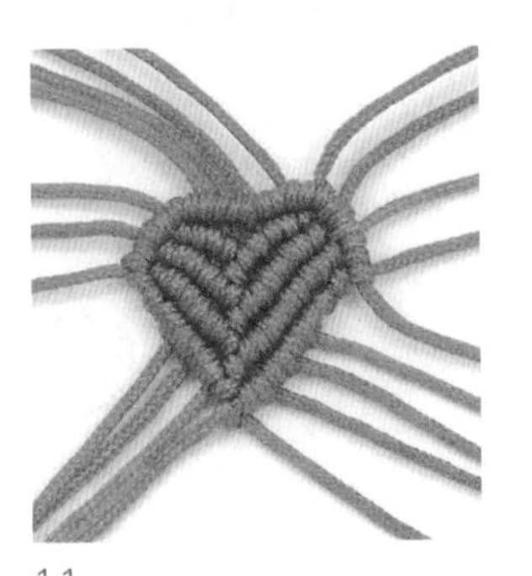

11

按顺序完成收边，注意调整造型。

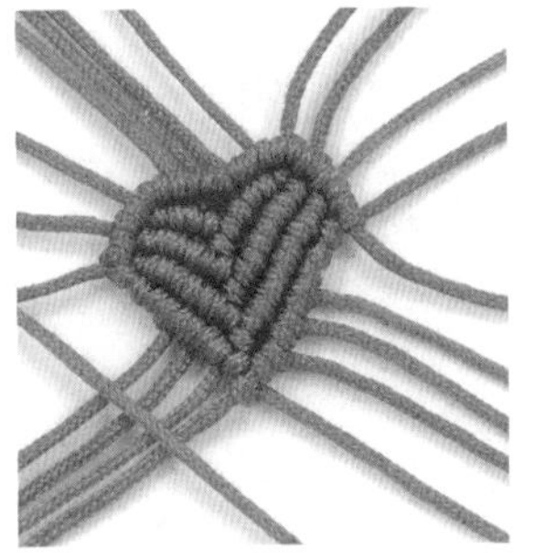

12

接着编下一个心形，取1根30cm的红色玉线，放在左下方作为轴线。

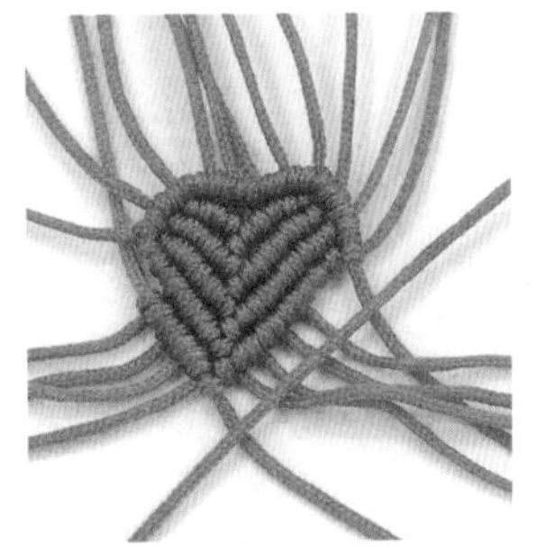

13

将左下方的4根玉线作为绕线编斜卷结，右下方同样加1根30cm的红色玉线作为轴线。

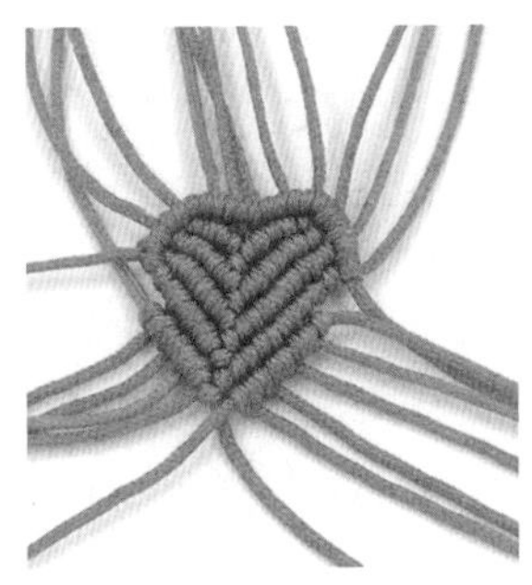

14

继续编一排斜卷结。

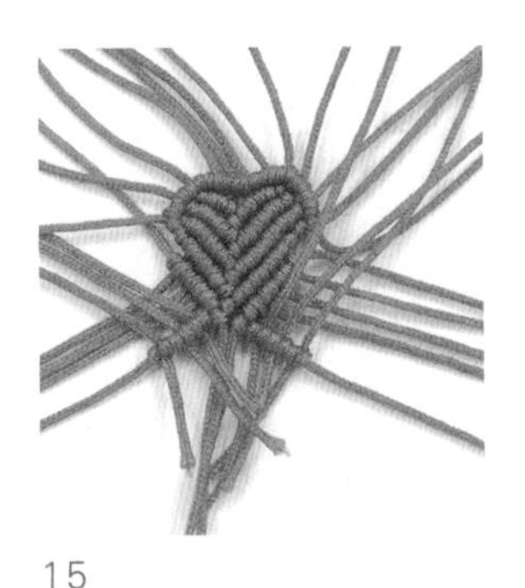

15

选取左右下方的两根绕线作为轴线，以两边各6根的20cm红色玉线作为绕线，编斜卷结。注意轴线下方的绕线要留短线。

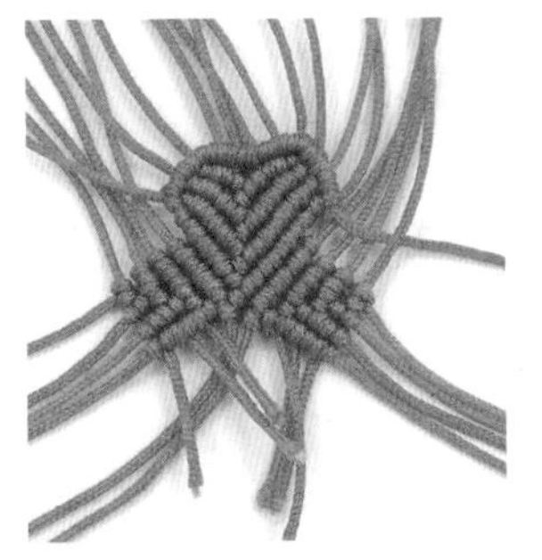

16

参考上述步骤，两边再编3排斜卷结。

17

同步骤7，在左右两边上方和下方的4根轴线上，分别加4根20cm的红色玉线，并反向编双向雀头结。

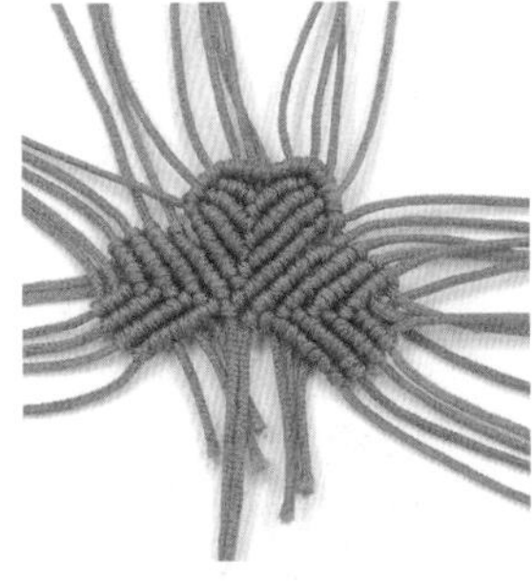

18

将挂上的4根玉线全部向心形中间编斜卷结。

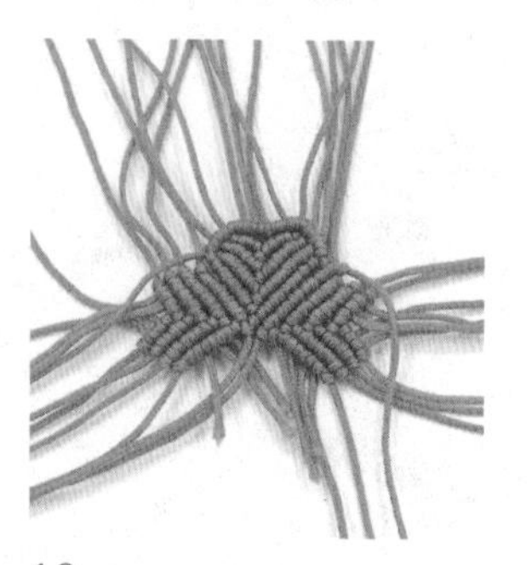

19

将右上的轴线向下拉。

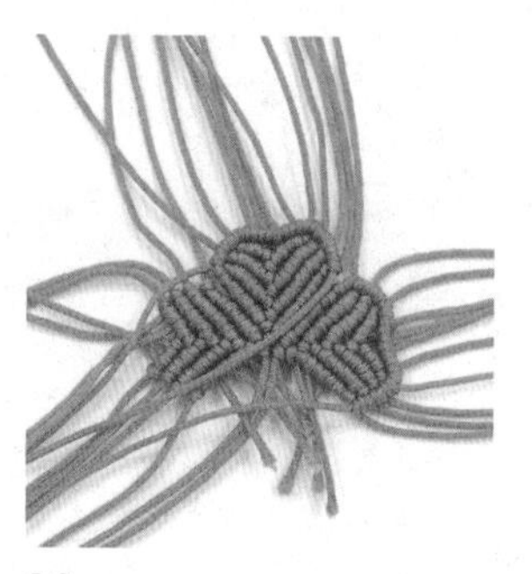

20

沿着边线依次编斜卷结，完成右边心形的收边。

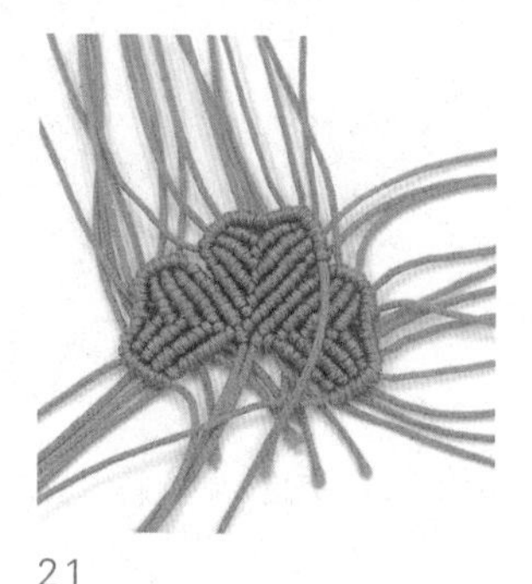

21

参考上述步骤，完成左边心形的收边。

22

保留结体中心下方的两根玉线，穿上心形粉晶和银珠待用，烧掉边缘的余线。

23

另取1根40cm紫色玉线，中间保留约6cm的长度，编1个双联结。

24

再穿入蓝松石珠。

25

将紫色玉线编结和红色心形编结上下交叉放置。

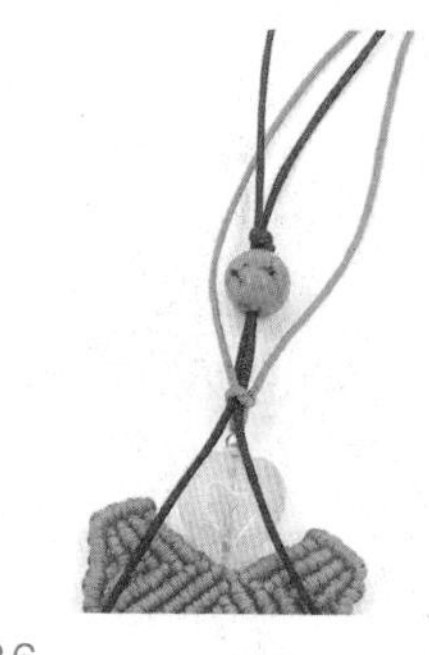

26

红色玉线将紫色玉线包住，并编1个蛇结。

27

用紫色玉线再编1个蛇结。

28

剪去余线，烧线固定。完成。

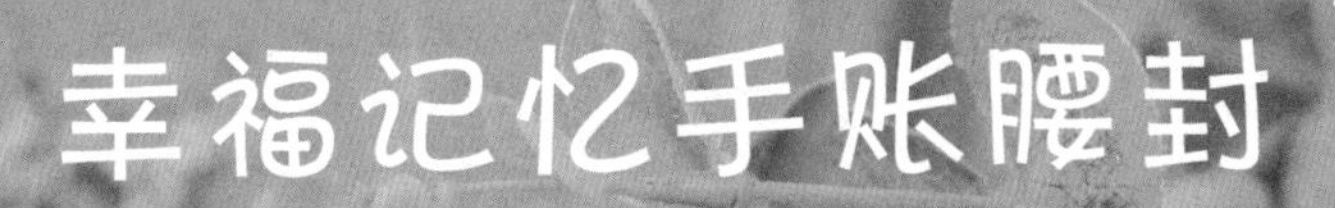

兼具功能性与装饰性的设计，祥云结点缀正面，四股辫为系带，扣式结构则表现了浓郁的中式风情，既好看又实用。

▶ **所用材料**

橘色A线：长100cm 两根
71号咖色玉线:长60cm 1根
金色3股线：长300cm 4根
红玛瑙圆珠：直径1.2cm 1颗

▶ **所用工具**

尺子、剪刀、泡沫板、珠针、打火机

▶ **所用编法**

单向雀头结（P010）
蛇结（P011）
祥云结（P017）
四股辫（P014）

编织步骤

1

取两根100cm橘色A线并排，再取1根60cm咖色玉线中间对折，编1个单向雀头结套在橘色A线中间。

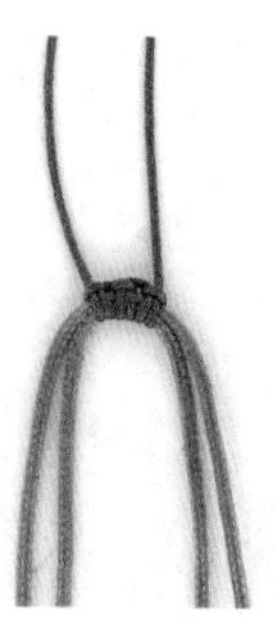

2

从咖色玉线中间向两边各编1个单向雀头结。

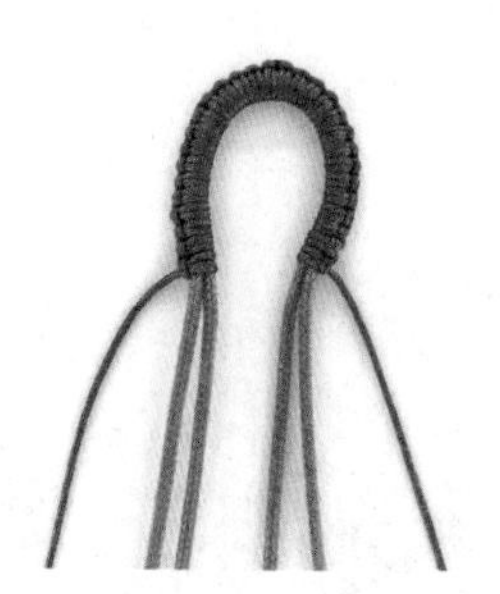

3

每边各编14个单向雀头结。

4

将4根橘色A线两根1组，编1个蛇结。

5

取4根300cm金色3股线绕线，将4根橘色A线每根绕12cm左右。

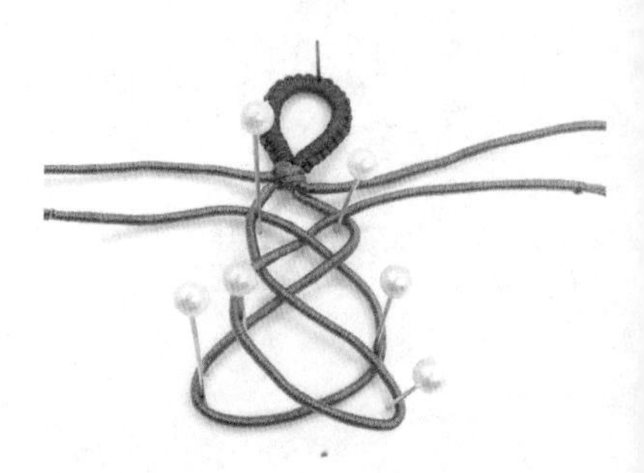

6

选中间两根线缠绕在珠针上，开始走线。

7

完成一层祥云结。

8

将外侧的两根线顺着第一层祥云结的轨迹并排走线，收紧纹样。

9

在中间两根线的绕线处尾部编1个蛇结收住，外侧两根线包住内侧两根线，再编1个蛇结。

10

接着将4根橘色A线编四股辫。

11

编至约22cm的长度，可根据手账本的宽度和厚度自定长度。

12

结尾处编3个蛇结，剪掉中间两根线，烧线固定。

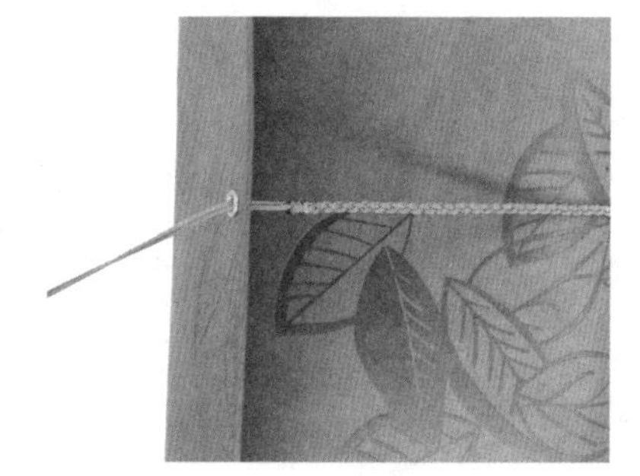

13

将剩余两根线穿过手账本的孔。

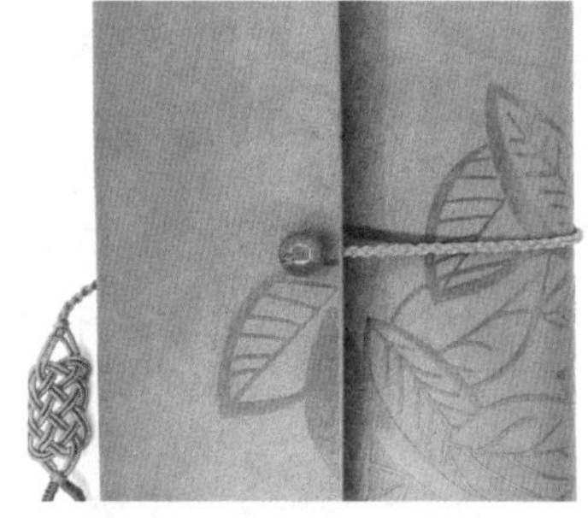

14

穿上红玛瑙圆珠，编1个蛇结，烧线固定。

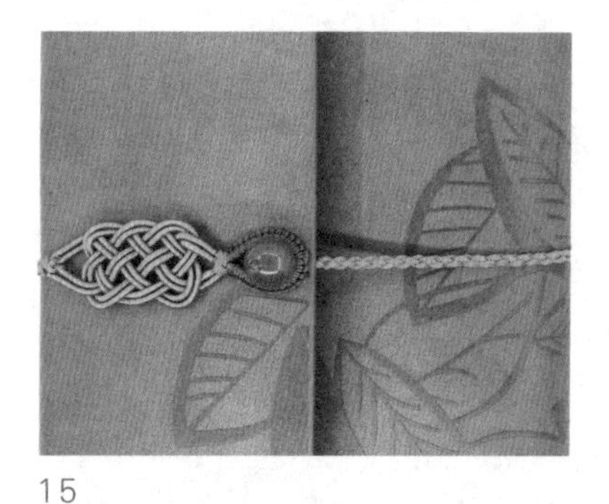

15

扣上雀头结扣环，完成。

绾绾青弦窗帘绑带

琵琶情长诉相思，连编结都变得婉约古典起来。秋香绿犹如美人盼目，令人顿生仰慕。

▶ 所用材料

青色C线：长110cm，直径0.3cm 两根
黑色弹力圈：长15cm，直径0.1cm 1根

▶ 所用工具

剪刀、尺子、打火机、缝衣针、珠针、泡沫板

▶ 所用编法

绶带结（详见教学视频）
纽扣结（P012）
琵琶结（P014）

编织步骤

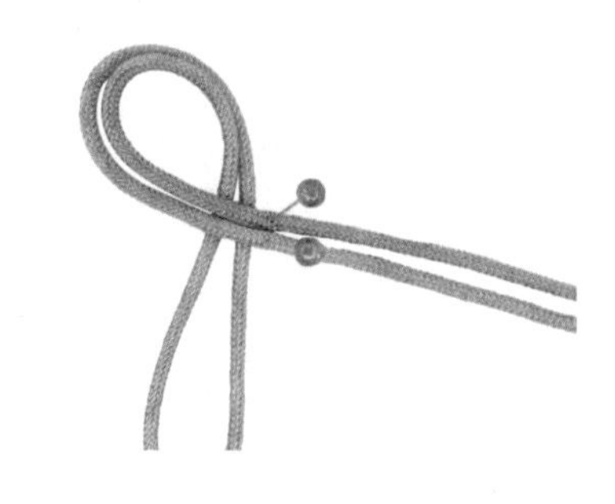

1
取1根110cm青色C线中间对折，尾线向上压住绳头，用珠针固定，左边形成1个圈。

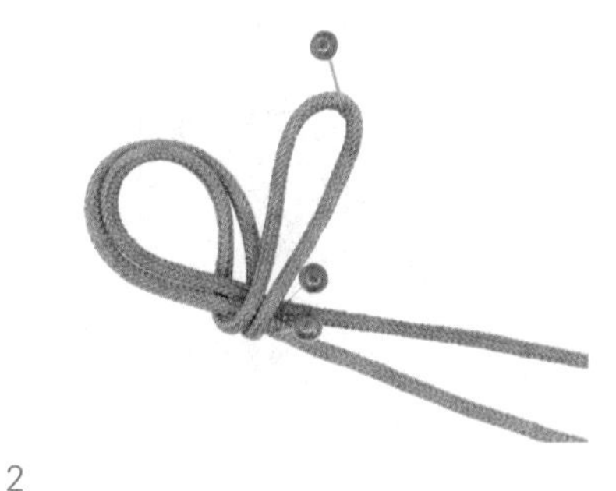

2
将绳头压向左边并用珠针固定。

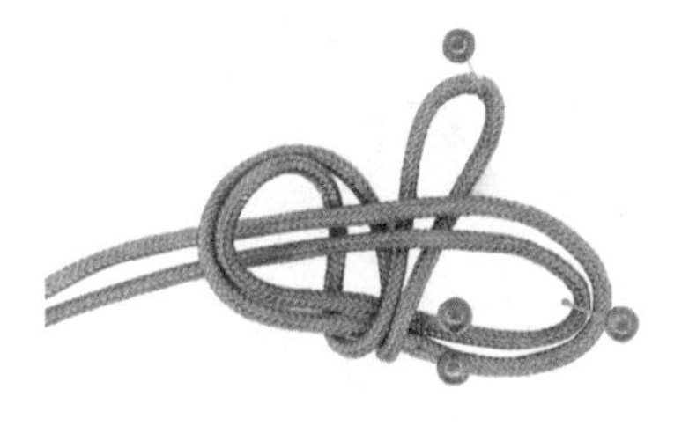

3
上方的尾线向下穿过下方的圈。

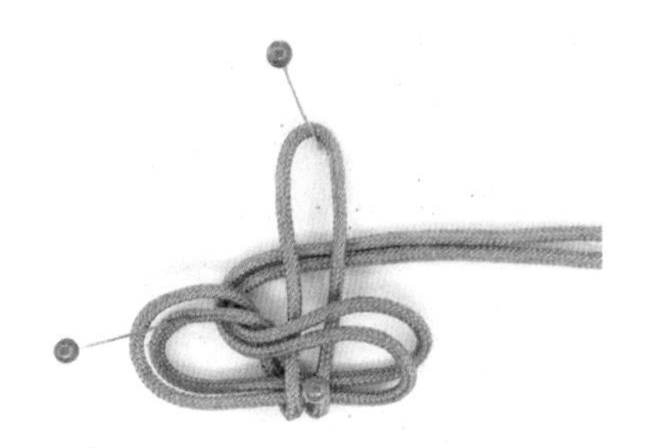

4
从背后向上折回。

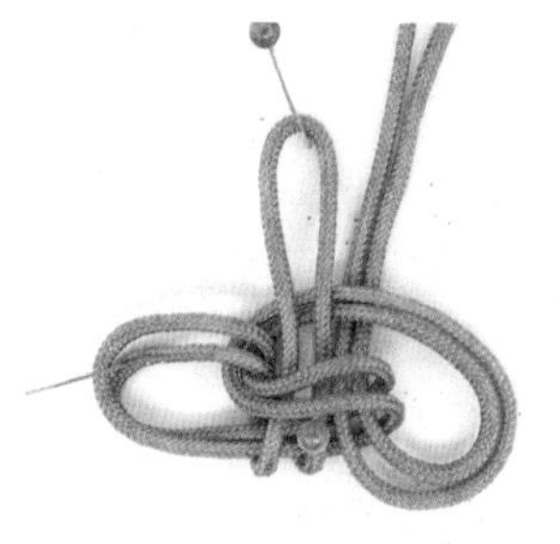

5
接着从右向左穿过上方的圈。

6
再向上穿过中间的两根线，注意其中1根尾线先穿过绳头后再穿中间的线。

7
收紧。

8
翻回正面，调整两耳大小，绶带结完成。

9
开始编琵琶结，左边尾线向后绕线进行压挑。

10
沿圈内走线，向右继续绕线，完成第2层。

11
重复步骤9～10，走完4层线，完成1个绑带待用。

12
接着编另一个，先编1个纽扣结。

13
参考步骤2～11，完成另一个绑带。

14
将两个绑带编结扣好，剪掉多余线头，烧黏后固定在背面。

15
翻至反面，取弹力圈绕成双层，穿入两端琵琶结内，再用同色线缝紧。完成。

丝路印象相机带

同色系的搭配，紧密的表带结，既百搭又实用。

▶ 所用材料

浅紫色扁丝带：长650cm，宽0.3cm 1根
深紫色扁丝带：长620cm，宽0.3cm 1根

▶ 备注

因相机型号不同，故留孔位置不同，绑带的方法也有所调整。此设计为单孔挂绳，长度是固定的。

▶ 所用工具

剪刀、尺子、打火机

▶ 所用编法

表带结（详见教学视频）
蛇结（P011）

编织步骤

1
取1根650cm的浅紫色扁丝带，中间穿过相机孔位。

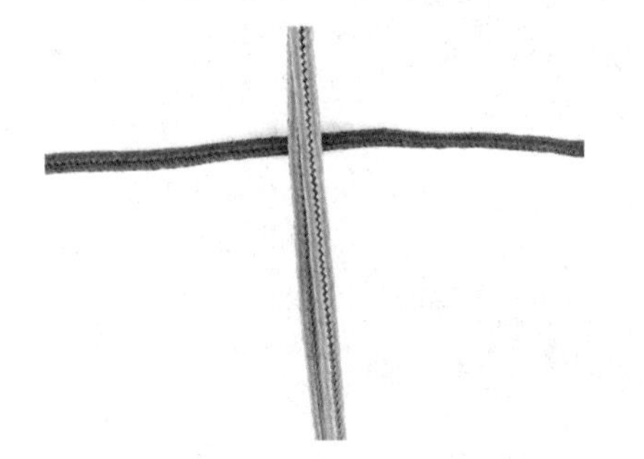

2
另取1根620cm的深紫色扁丝带，放在浅紫色扁丝带下方，左右两边均等。

3
用深紫色扁丝带编1个单结，以锁住浅紫色扁丝带。

4
使浅紫色扁丝带紧贴深紫色扁丝带，再编1个单结，锁住深紫色扁丝带。

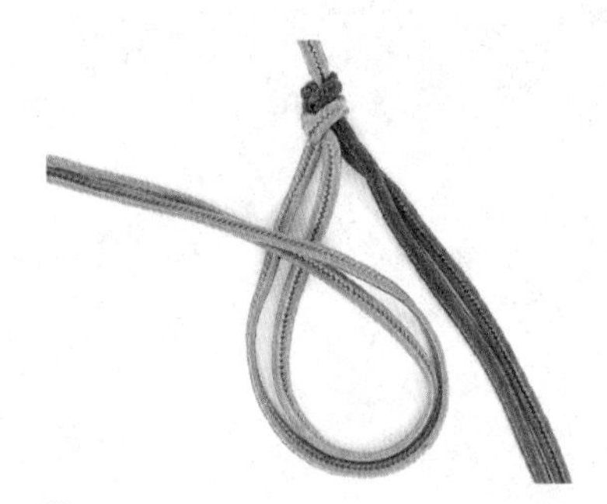

5
将左边两根浅紫色扁丝带并为1根，向上折回1个圈。

6
右边深紫色扁丝带同样并为1根，穿过左边浅紫色扁丝带的圈，尾线留在右边。

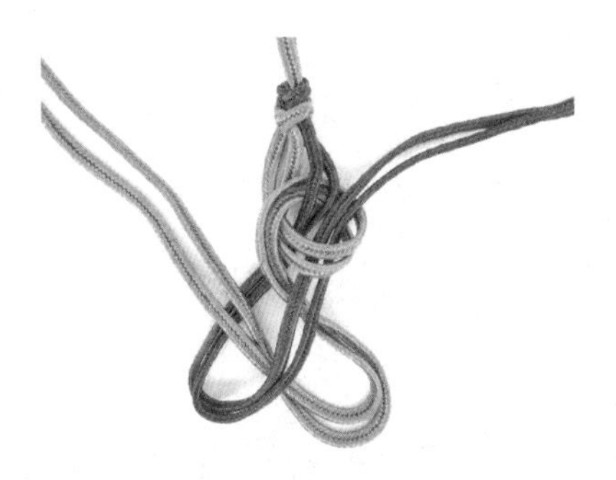

7

将左边浅紫色扁丝带向右穿过深紫色扁丝带的圈再折回，尾线留在左边。

8

重复上述步骤，并收紧编结。

9

每编1个来回就要收紧并调整造型，如此，绳体就会逐渐增加长度。

10

编至所用长度后，准备收线，预留1个深紫色线圈。

11

将两根浅紫色扁丝带直接穿过深紫色扁丝带圈，不再折回。

12

收紧深紫色扁丝带尾线后，剪掉多余的深紫色扁丝带线头，烧线固定，保留两根浅紫色扁丝带的尾线。

13

将两根浅紫色扁丝带放在相机的孔位处。

14

以穿过相机孔位的丝带为芯，将两根浅紫色扁丝带紧贴的单结编1个蛇结。

15

剪掉多余线头，烧线固定，整理。完成。

荣华装饰画

密集的线团构成绒球，配合还原度极高的枝叶，一幅庭前春景跃入眼帘。

▶ 所用材料

绿色B线：长50cm 10根
绿色B线：长60cm 3根
绿色B线：长70cm 4根
绿色B线：长80cm 4根
绿色B线：长90cm 1根
绿色B线：长100cm 两根
咖色C线：长14cm 两根
咖色C线：长17cm 1根
咖色C线：长20cm 1根
浅粉色B线：长15cm 1根
粉色棉线：长250cm，直径0.3cm 3根
布面刺绣绷：直径30cm 1个

▶ 所用工具

剪刀、尺子、打火机、大孔针

▶ 所用编法

斜卷结（P010）
凤尾结（P012）

编织步骤

1

取1根250cm的粉色棉线，缠在宽度5cm的纸板上，缠25圈左右。

2

抽掉纸板，剪开两端线头，中间用浅粉色B线绑紧。

3

拆散所有线头。

4

修剪成圆球状。

5

参考上述步骤，完成另外两个绒球，两大一小，共三个。

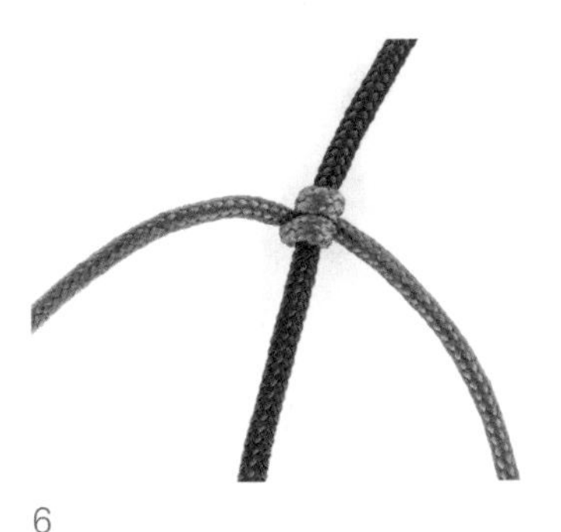

6

取1根17cm的咖色C线为轴线，另取1根50cm的绿色B线为绕线，编1个斜卷结。

7

共编7个斜卷结，从上到下依次挂绿色B线：50cm3根、60cm1根、70cm1根、80cm1根、100cm1根。

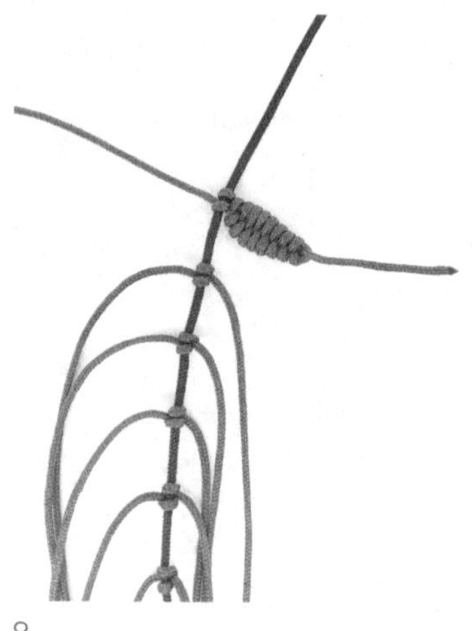

8

接着开始编凤尾结。

9

编完全部挂线，叶片从上向下由小至大渐变，叶片的形状和方向尽量保持一致。

10

重复上述步骤，编完其他几根茎叶。其中8对叶子从上往下的用线为：50cm两根、60cm1根、70cm两根、80cm1根、90cm1根、100cm1根；5对叶子的用线为：50cm两根、60cm1根、70cm1根、80cm1根；4对叶子的用线为：50cm3根、80cm1根。

11

将编好的茎叶和毛球放在刺绣绷上调整造型，再添加几根咖色C线做枝干。

12

剪掉多余线头，烧线固定，将茎叶、枝干和毛球缝在刺绣绷上（如果背景为纸板，可用胶粘上）。完成。

水果网兜

不起眼的网兜，如今却成了置景的标配。装几个水果，放几把菜，随意地挂着就是一幅画。

▶ **所用材料**

蓝色扁丝带：长140cm 10根
蓝色扁丝带：长150cm 1根
蓝色扁丝带：长120cm 1根

▶ **所用工具**

剪刀、尺子、打火机

▶ **所用编法**

双向平结（P011）
双联结（P012）
菠萝扣（P013）
绕线（P015）

编织步骤

1
取10根140cm的蓝色扁丝带平放。

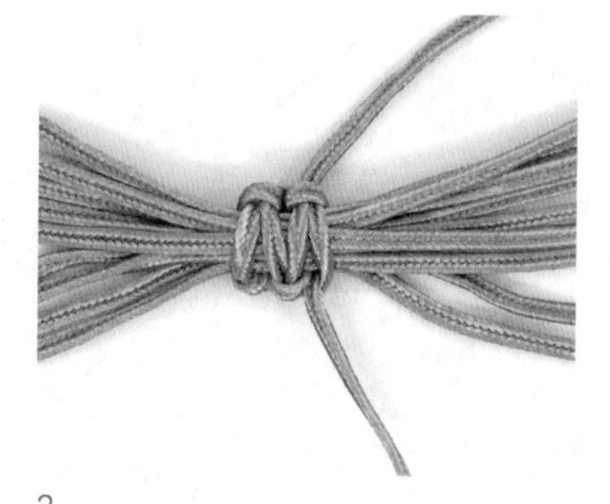

2
另取1根150cm的蓝色扁丝带，以10根蓝色扁丝带为轴线，编两个双向平结。

3
选取左边10根扁丝带中的1根扁丝带和双向平结中的1根扁丝带，编1个双联结。

4
将双联结收紧，留出一段距离做网眼。

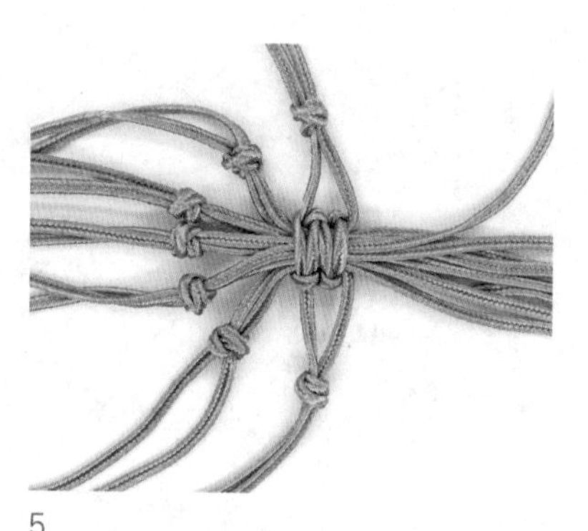

5
左边接着编5个双联结，上方再编1个双联结。

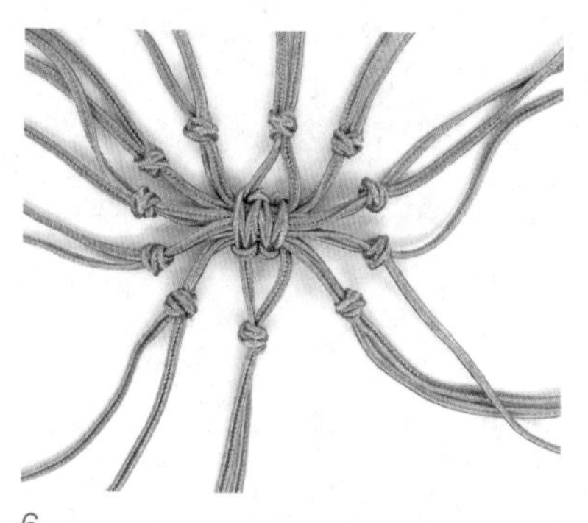

6
右边继续编4个双联结，共11个双联结。

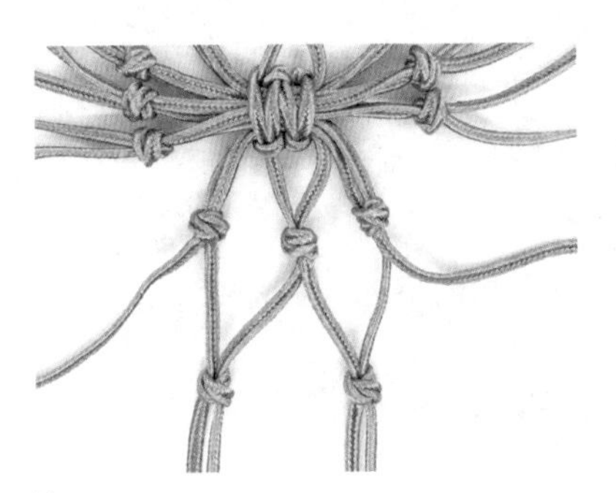

7
接着错开编第二排双联结。

8
编完1圈，第二排的网眼比第一排略大一点。

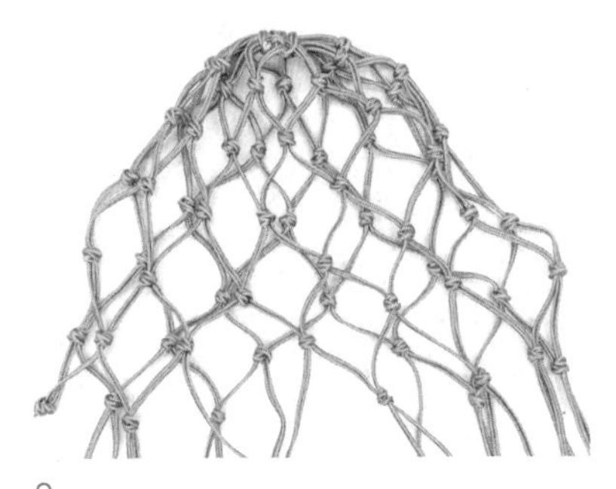

9
继续编双联结，保持网眼大小一致，共编6排。

10
从中间分线，将尾线相互叠压。

11
挑出中间4个结的单根线，烧掉，保留1根备用。

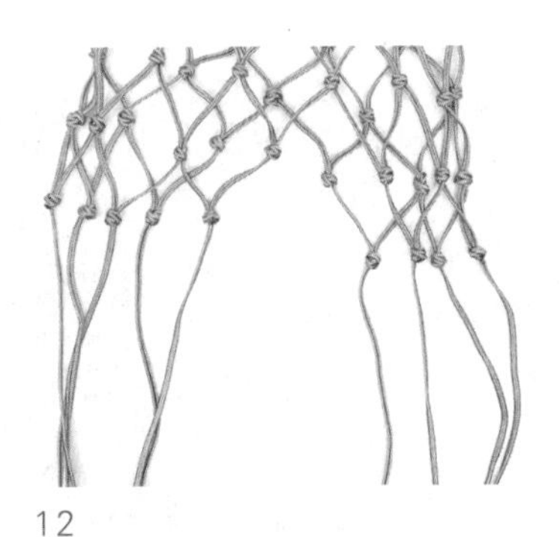

12
其他10个结均各保留1根线。

13
再次分线，相互叠压。

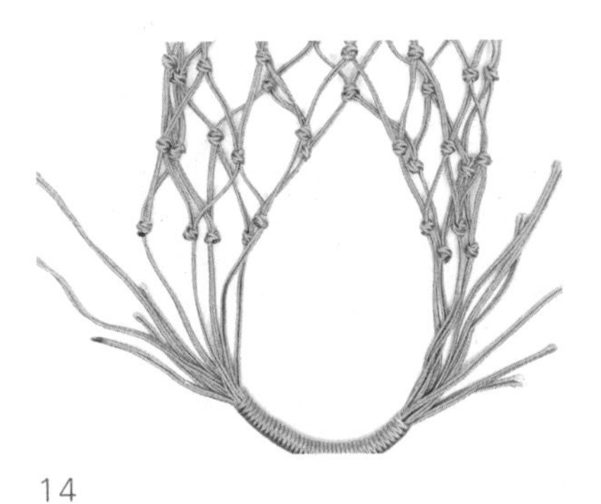

14
取1根120cm蓝色扁丝带从中间绕线，做提手部分。

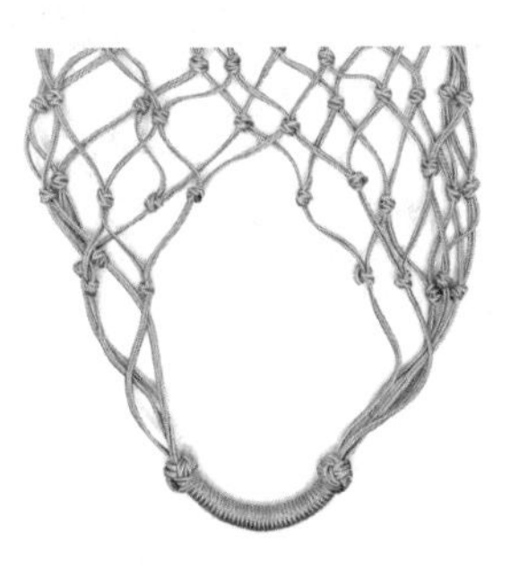

15
将两边的多余尾线剪掉，烧黏固定，用剪下的线头编两个菠萝扣，遮挡在烧线位置，调整网袋大小。完成。

蓝海之谜表带

充满阳刚之气的腕表，一定要采用厚实的编结，普蓝色系虽暗却不沉重，且与表盘和谐呼应。

▶ 所用材料

黄色E线：长80cm，直径0.3cm 1根
浅蓝色D线：长100cm，直径0.3cm 两根
深蓝色D线：长100cm，直径0.3cm 两根
黑色插卡扣：中号 1个
机械表盘：直径5cm 1个

▶ 所用工具

尺子、剪刀、打火机

▶ 所用编法

双向雀头结（P010）
交互平结（平结变款）

编织步骤

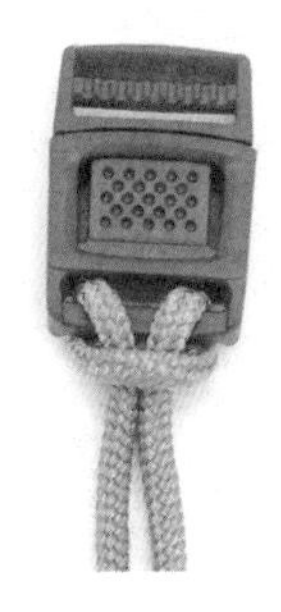

1

将黑色插卡扣翻至反面，取1根80cm的黄色E线，编1个双向雀头结挂在插卡扣上。

2

再取1根100cm的浅蓝色D线和1根100cm的深蓝色D线，按图示顺序依次编双向雀头结挂在插卡扣上。

3

从中间开始编，将右边浅蓝色D线向左压过浅蓝色、深蓝色、黄色3根线，再从黄色E线下方拉出。

4

接着将左边浅蓝色D线向右依次压线，从黄色E线拉出后再压过右边深蓝色D线和浅蓝色D线，挑左边深蓝色D线和黄色E线出。

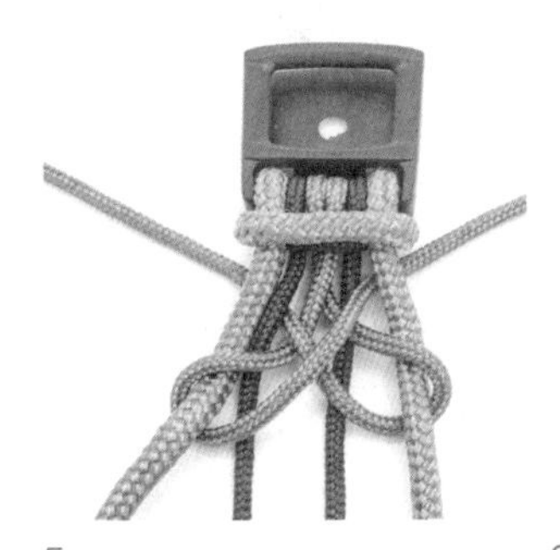

5

右边浅蓝色D线连压两根浅蓝色D线，挑右边黄色E线出。

6

收紧两边的浅蓝色D线，形成第一排编织纹样。

7

接着编深蓝色D线，继续从右向左走线。

8

将左边深蓝色D线从黄色E线上方穿下来，再压过左边深蓝色D线，从左边黄色E线下方拉出。

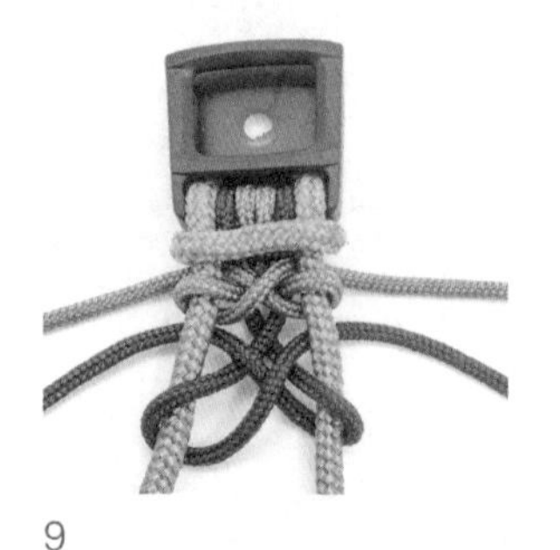

9

用右边的深蓝色D线连压两根深蓝色D线，挑右边黄色E线出。

10

收紧两边的深蓝色D线，形成第二排的编织纹样。

11

接着编浅蓝色D线。

12

注意穿插和压线。

13

浅蓝色D线编完，继续编深蓝色D线。

14

重复上述步骤，根据需要编至约7cm的长度。

15

将表带翻回正面，形成1条交织纹样。

16

将黄色E线（如图所示）缠绕在手表的横杆上。

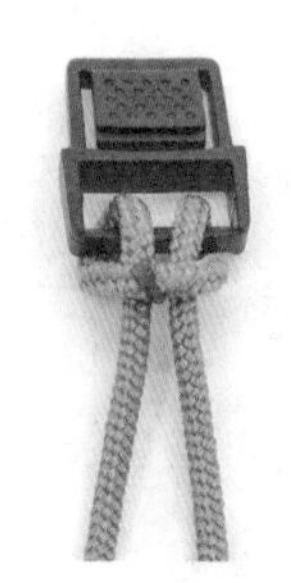

17

接着编另一条，将插卡扣翻至反面，取同样的长度，将黄色E线用打火机烧熔后黏在一起，编1个双向雀头结挂在插卡扣上。

18

取浅蓝色D线和深蓝色D线依次挂在插卡扣上。

19

参考上述步骤，按同样的编法完成此条表带。

20

剪掉多余的线头，烧线固定。完成。

紫气东来车挂

多种结艺的融合，以中间的绶带结为中心，其他结在比例上稍作减少，保持整体完美而又不分散。

▶ 所用材料

灰紫色D线：长120cm 1根
金色包芯线：长80cm，直径0.2cm 1根
玫红色A线：长50cm 两根
72号紫咖色玉线：长30cm 1根
71号浅紫色玉线：长30cm 1根
深紫色流苏线：长40cm 500根
深紫色流苏线：长150cm 1根
红色圆珠：直径0.8cm 1颗
金色圆珠：直径0.4cm 1颗

▶ 所用工具

剪刀、尺子、打火机、珠针、
泡沫板、钩针

▶ 所用编法

双联结（P012）
同心结、万字结、绶带结（详见教学视频）
左右轮结（P014）
蛇结（P011）
菠萝扣（P013）

编织步骤

1

取1根120cm的灰紫色D线居中对折，上方预留100cm的长度作为挂环，接着编1个双联结，另取1根80cm的金色包芯线挂在双联结内。

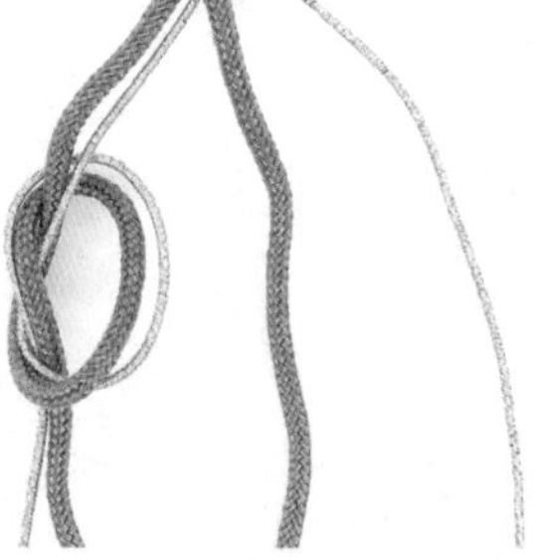

2

将左边的灰紫色D线和金色包芯线并为1根，按顺时针方向绕1个圈。

3

右边同样并为1根线，按逆时针方向穿过左边形成的圈。同心结完成。

4

选取中间的交叉部分，向两边拉开，收拢后形成万字结。

5

收紧结体，留出耳翼，调整金色包芯线。

6

将4根尾线并为1根编绶带结（可参考第131、132页绶带结的编法）。

7

调整绶带结的耳翼比例，保持灰紫色D线和金色包芯线相间。

8

继续绕线编万字结。

9

收紧，调整。

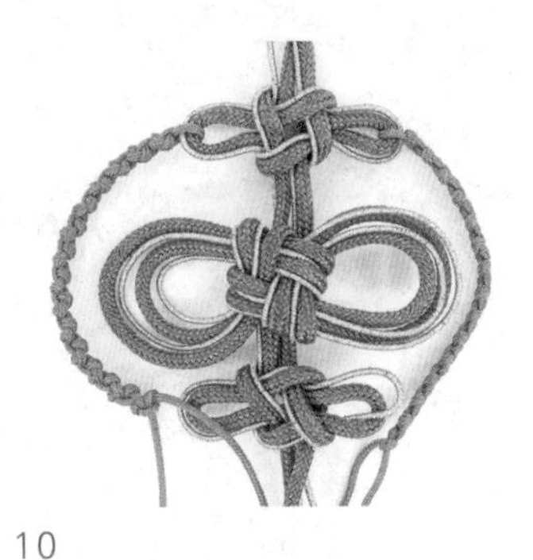

10

将上方万字结的两耳分别挂玫红色A线，编左右轮结。

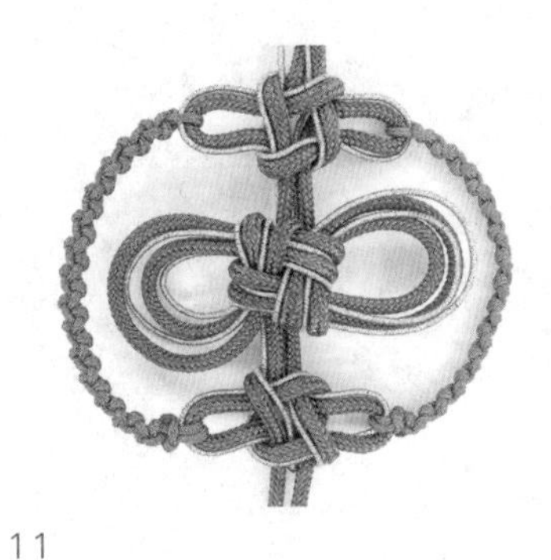

11

编至一定长度后，套住下方万字结的两耳，编蛇结收线，烧线固定。

12

尾线的灰紫色D线保留约2cm，向上回折，烧线固定。另取1根30cm的紫咖色玉线编1个菠萝扣套进灰紫色D线。将500根三股流苏线从中间对折，取1根150cm的深紫色流苏线绕线做成流苏。再取1根30cm的浅紫色玉线（如图所示）穿过流苏、红色圆珠和金色圆珠，再左右相向穿过灰紫色D线。

13

用浅紫色玉线编两个蛇结，将菠萝扣向下移，以遮挡连接处。

14

剪去余线，整理。完成。

吉祥连连车挂

吉祥和双联都是最好的祝福，二者结合在一起做挂件，心意满满。

▶ **所用材料**

咖色扁丝带：长160cm 1根
黄色A线：长80cm，直径0.2cm 1根
浅咖色流苏线：长40cm 300根
71号灰色玉线：长100cm 两根
红玛瑙圆珠：直径0.8cm 2颗
圆角隔片：2片

▶ **所用工具**

剪刀、尺子、珠针、泡沫板、打火机

▶ **所用编法**

双联结（P012）
金钱结（P013）
吉祥结（P017）

编织步骤

1

取1根160cm的咖色扁丝带居中对折，上方预留100cm的长度作为挂环，接着编1个双联结，用珠针固定。

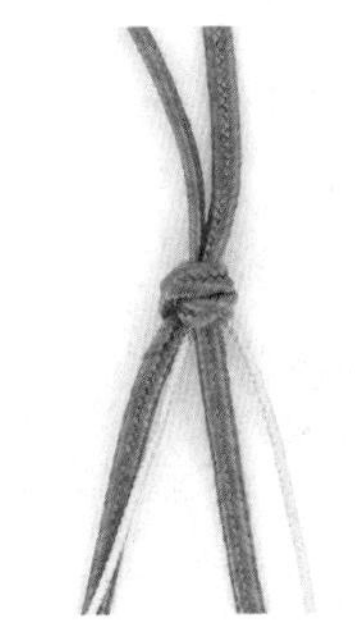

2

将黄色A线挂在双联结内。

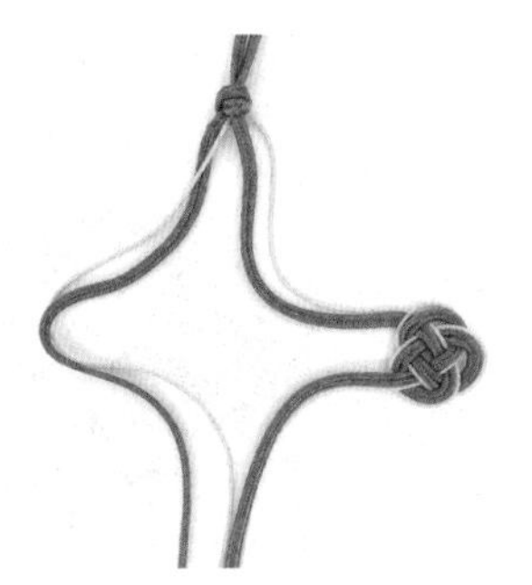

3

中间预留出一定长度，在右边编1个金钱结。

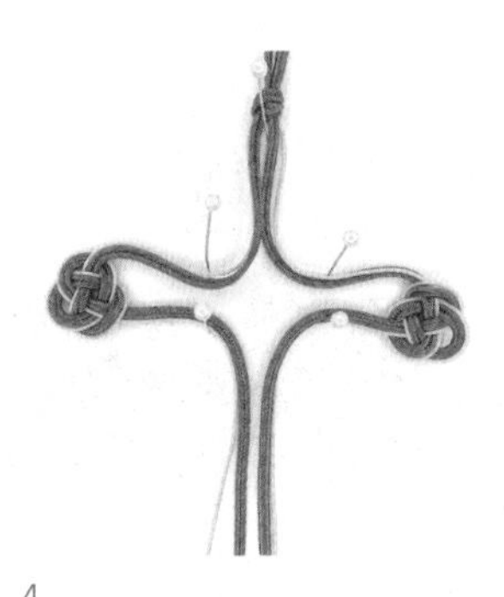

4

用珠针定位好，左边再编1个金钱结。

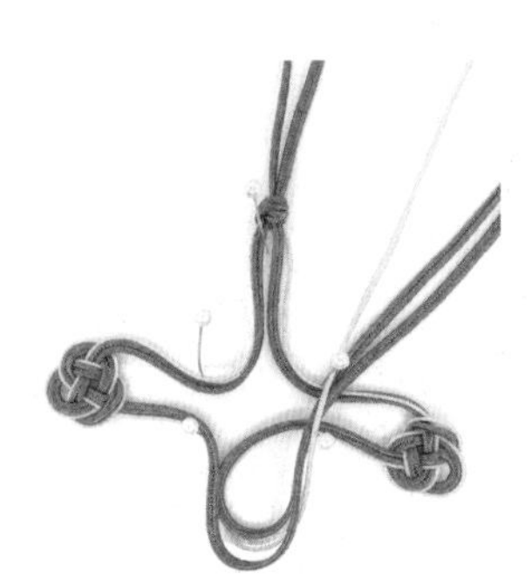

5

将下方的两组尾线向右上压线。

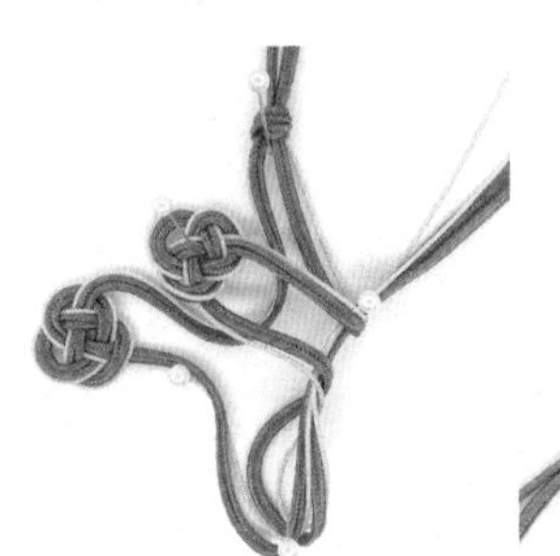

6

右边金钱结压向中间两组线。

7

中间两组线向左下，压向左边金钱结。

8

左边金钱结向右穿过步骤5预留的空位。

9

收紧各组的线。

10

下方的两组线继续向右上压线。

11

右边金钱结压向中间两组线。

12

参考步骤7～8，收紧。吉祥结完成。

13

将吉祥结的4个耳翼拉出，调整结形。

14

用下方的咖色扁丝带再编1个吉祥结。

15

参考第97页圆形挂毯流苏的制作方法，穿上红玛瑙圆珠和圆角隔片，编单结固定在咖色扁丝带上。

16

剪掉多余的线头，完成。

第三章
作品欣赏

朝夕杯垫
所用编法：
双向雀头结、斜卷结、双向平结

秘境戒指
所用编法：
双向雀头结、斜卷结

幸福归来装饰画

所用编法：
单向雀头结、斜卷结

娴雅耳饰
所用编法：
祥云结变款（详见教学视频）

悬明之剑书签

所用编法：
单向雀头结、斜卷结、双向平结

漠北沙棘挂毯

所用编法：
双向雀头结、斜卷结、双向平结

异域之光坐垫

所用编法：
双向雀头结、斜卷结

梅香玉扇胸针

所用编法：
单向雀头结、斜卷结、绕线、拉圈

梦蝶车挂
所用编法：
蝶翼盘长结、双向平结、绕线、拉圈